# 移动深度学习

李永会 / 著

电子工业出版社
Publishing House of Electronics Industry
北京·BEIJING

## 内 容 简 介

本书由浅入深地介绍了如何将深度学习技术应用到移动端运算领域，书中尽量避免罗列公式，尝试用浅显的语言和几何图形去解释相关内容。本书第 1 章展示了在移动端应用深度学习技术的 Demo，帮助读者建立直观的认识；第 2 章至第 4 章讲述了如何在移动端项目中应用深度学习技术；第 5 章至第 8 章的难度略大，主要讲述如何深入地调整框架，适配并定制自己的框架。

本书适合移动端研发工程师阅读，也适合所有对移动端运算领域感兴趣的朋友阅读。

未经许可，不得以任何方式复制或抄袭本书之部分或全部内容。
版权所有，侵权必究。

图书在版编目（CIP）数据

移动深度学习/李永会著. —北京：电子工业出版社，2019.10
ISBN 978-7-121-37182-0

Ⅰ. ①移… Ⅱ. ①李… Ⅲ. ①人工神经网络－移动终端－研究 Ⅳ. ①TP183

中国版本图书馆 CIP 数据核字（2019）第 162507 号

责任编辑：张春雨
文字编辑：王中英
印　　刷：三河市华成印务有限公司
装　　订：三河市华成印务有限公司
出版发行：电子工业出版社
　　　　　北京市海淀区万寿路 173 信箱　邮编：100036
开　　本：787×980　1/16　印张：12.75　字数：267.6 千字
版　　次：2019 年 10 月第 1 版
印　　次：2019 年 10 月第 1 次印刷
定　　价：75.00 元

凡所购买电子工业出版社图书有缺损问题，请向购买书店调换。若书店售缺，请与本社发行部联系，联系及邮购电话：(010) 88254888，88258888。
质量投诉请发邮件至 zlts@phei.com.cn，盗版侵权举报请发邮件至 dbqq@phei.com.cn。
本书咨询联系方式：010-51260888-819，faq@phei.com.cn。

# 推荐序一

在过去的十年,人工智能技术尤其是深度学习(Deep Learning)技术得到了飞速发展,从理论到实践都取得了长足的进步,成为解决很多学术和工程问题的利器。在自然语言处理、语音识别、图像识别等领域,利用深度学习技术训练出了堪比人类、甚至超越人类的学习能力。人工智能的成功离不开算法、算力和数据三个要素的协同推进,而这些要素在不同的领域和场景下有不同的表现形式,吸引着人工智能领域的学者、工程师和各个行业的专家们不断探索。

在过去的十年,智能手机快速普及。根据《工业和信息化部关于电信服务质量的通告(2019年第 2 号)》,我国移动电话用户数量已达到 15.97 亿户。智能手机成为连接人和信息的重要设备,对于很多人来说,甚至是唯一的设备。在智能手机的底层能力支持下,智能手机上的各类应用(App)蓬勃发展,以苹果的 App Store 为例,截至 2019 年第二季度,App Store 中可下载的 App 数量已经超过 196 万个(数据来自 Statista)。硬件和应用程序的共同发展极大地拓展、增强了人类感知、认知世界的能力,这使得智能手机成为人类的"新感官"。

人工智能技术的进步和智能手机的普及是紧密结合、相得益彰的。人工智能技术为智能手机赋能,极大地拓展了智能手机的能力边界;智能手机为人工智能技术提供了丰富的应用场景,为人工智能技术的发展提供了动力。但是,二者的结合也充满了挑战。用户对体验有极致的追求,这就需要智能手机及其上的应用程序能够快速、准确地响应用户的需求。然而,智能手机在计算、存储、续航等方面与电脑等设备的差异巨大,这使得很多人工智能技术无法在智能手机上直接应用,而手机端和服务器端的频繁通信又必然会导致延时和带宽消耗。这些问题在智能手机之外的其他移动设备上也同样存在。

这些富有挑战性的问题正是工程师们的动力源泉。本书作者正是在这样的背景下与同事们一起做了大量探索，以期让人工智能技术在移动端的有限资源下充分发挥价值，并且已经在百度 App 上取得了非常好的效果。永会把他们团队多年积累的经验凝聚成此书，以飨读者。

  本书以百度 App 中的一些实际案例为线索，简要介绍了理解深度学习的一些必要知识，包括线性代数、卷积神经网络和其他网络结构，然后把更多的笔墨放在了移动设备的内部结构、汇编指令、CPU 性能优化、GPU 编程以及百度的移动端深度学习框架 Paddle-Lite 上。书中提供的一些优化技巧具有很好的启发性，希望能够对更多优秀的工程师起到引路作用，帮助大家投身这一领域，充分发挥移动端深度学习的价值，为广大用户提供极致的用户体验。

沈 抖

百度高级副总裁

# 推荐序二

收到永会的书稿，非常惊喜。永会在移动端深度学习技术的开发和应用领域深耕多年，积累了丰富的经验，也是飞桨（PaddlePaddle）端侧推测推理引擎的核心建设者之一。我想永会的这本书不论是对移动端的框架开发者，还是对应用开发者来说，都是很有价值的。

深度学习凭借其突出的效果和良好的通用性，正推动着人工智能技术迈进工业化阶段。深度学习早已不局限于学术研究，它正在越来越广阔的实际应用中发挥着重要作用。我们也注意到，深度学习应用已从云端扩展到边缘和终端设备。智能手机的普及使得移动端的深度学习技术引起了广泛关注，当然，用户体验和数据隐私等问题是需要考虑的。

百度作为国内深度学习技术研发和应用的领跑者，早在几年之前就已经开始移动端深度学习计算的框架开发和应用工作了。永会作为最早的开发者之一，见证了百度移动端深度学习框架开发和应用的历史，也收获了丰硕的成果，他所做的工作极大地提升了百度App等诸多产品的体验效果，相关技术沉淀也促使了飞桨端侧推测推理引擎的发展和成熟。

虽然永会及其团队所做的很多工作已经通过开源代码展示出来，但是代码库无法全面展示开发者的开发经验和思考感悟。移动端的深度学习开发有很强的特殊性，并且这个领域相对较新，目前还没有太多讲解深入的书籍和资料。这本书正当其时，很有意义。

永会既是底层框架开发者，也是上层应用开发者，这样的双重经验非常难得，而本书的内容也充分体现了这一特质。本书从移动端深度学习应用讲起，从实际应用需求讲到驱动底层技术的优化，最终又通过产品落地收尾，展示移动端深度学习技术的研发对应用的推动。这样的顺序应该是便于大家阅读和理解的。

在移动端应用深度学习技术，既要考虑深度学习技术应用的一般性问题，又要考虑移动端硬件平台和应用的特殊性，想讲好其实挺不容易的。本书的主体内容全面而又精要，显然是下了功夫的。例如，书中对移动端常用算法和硬件存储计算特点的介绍很清晰，能够帮助没有移动端开发和应用经验的读者快速入门，而对于有经验的开发者，也不失为一次系统学习和思考的机会；后面关于移动端 CPU 和 GPU 的性能优化部分，则介绍了作者积累的很多实战经验；此外，关于通用矩阵计算加速、快速卷积算法、模型或框架体积优化、内存分析、编译优化等各方面的描述也都做到了深入浅出、细致周到。可以说，本书凝聚了永会长期在一线开发的心得体会，值得仔细品味。

移动端深度学习应用方兴未艾，硬件平台和算法应用都在快速发展，并且正在向广泛的终端设备和边缘计算设备普及。端侧深度学习的机会更多，挑战也更大。最近，在之前移动端预测引擎的基础上，百度飞桨发布了 Paddle-Lite，旨在通过高扩展性架构支持更多硬件平台，提供更高性能的计算，目前还有很多工作要做。可以预见，未来会有更多的端侧 AI 应用走进我们的生活，这将是非常激动人心的。

期待永会对 Paddle-Lite 做出更多的贡献，当然也期待永会有更多的技术心得和大家分享。

于佃海

百度深度学习平台飞桨总架构师

# 前言

深度学习技术在近两年飞速发展，对互联网的诸多方面产生了影响。各种互联网产品都争相应用深度学习技术，这将进一步影响人们的生活。随着移动设备被广泛使用，在移动互联网产品中应用深度学习和神经网络技术已经成为必然趋势。

一直以来，由于技术门槛和硬件条件的限制，在移动端应用深度学习的成功案例不多。传统移动端 UI 工程师在编写神经网络代码时，可以查阅的移动端深度学习资料也很少。而另一方面，时下的互联网竞争又颇为激烈，率先将深度学习技术在移动端应用起来，可以取得先发制人的优势。

移动端设备的运算能力比 PC 端弱很多。移动端的 CPU 要将功耗指标维持在很低的水平，这就给性能指标的提升带来了限制。在 App 中做神经网络运算，会使 CPU 的运算量猛增。如何协调好用户功耗指标和性能指标就显得至关重要。另外，App 的体积限制也是重大考验，如果为了让用户体验一个深度学习功能而要求其下载 200MB 甚至更大的模型文件，想必用户是不会愉快接受的。这些都是在移动端应用深度学习技术必须解决的问题。

笔者从 2015 年开始尝试将深度学习技术应用在移动端，在这个过程中遇到的很多问题是关于性能和功耗的，这些问题最终被逐一解决。现在相关项目代码已经在很多 App 上运行，这些 App 有日 PV 达亿级的产品，也有创业期的产品。2017 年 9 月，笔者所带领的团队在 GitHub 上开源了该项目的全部代码及脚本，项目名称是 mobile-deep-learning，希望它在社区的带动下能够得到更好的发展。本书也是以该项目的代码作为示例进行讲解的。

我们已经在多个重要会议上分享了该方向的成果，听众非常感兴趣，会后和我们讨论了很多问题，我也感觉到这些成果值得分享给更多人，于是产生了撰写本书的想法。

目前,国内外已经有很多关于深度学习的书籍,其中一些对算法的讲述非常精辟且有深度。然而这些书籍基本上都是介绍如何在服务器端使用深度学习技术的,针对在移动端应用深度学习技术的书籍还相对较少。

**本书内容**

本书力求系统而全面地描绘移动端深度学习技术的实践细节和全景,对 iOS 和 Android 两个平台的神经网络实践都会详细讲述。需求不同的读者可以根据自己的情况有重点地阅读。精妙的算法必须加上良好的工业实现,才能给用户提供极致的体验,本书以代码实现为主线讲述工程实践,由浅入深,逐步增加难度,最终会将体系结构和汇编知识应用到实践案例中。

这里需要说明两点:

- 笔者将书中出现的 Paddle-Lite 代码压缩并放到了博文视点的官网,读者可以扫描"读者服务"中的二维码查看。如果想体验最新版本的 Paddle-Lite,可以直接到 GitHub 上搜索查看。

- 笔者将书中的链接列在表格中并放在了博文视点的官网,读者同样可以扫描"读者服务"中的二维码查看表格,并点击其中的链接直接访问。

本书可以作为移动端研发工程师的前沿读物,读者阅读本书后,完全可以将所学知识应用到自己的产品中去;同时本书也适合对移动端运算领域感兴趣的朋友阅读。

**致谢**

特别感谢我的同事在本书编写过程中提供的巨大帮助,由于本书涉猎的技术方向较广——从体系结构到框架程序设计,从 CPU 到 GPU 编程,所以有些内容请教了在相关方向更资深的同事。感谢赵家英和秦雨两位同事对 CPU 性能优化部分提供的帮助,感谢刘瑞龙和谢柏渊两位同事对深度学习框架和 GPU 部分提供的帮助,有了你们的帮助,本书的内容才更完善、有深度,在此深表谢意。

李永会

2019 年 7 月于北京

# 读者服务

- 获取本书配套代码资源
- 获取更多技术专家分享视频与学习资源
- 加入读者交流群

微信扫码回复 37182

# 目录

第 1 章 初窥移动端深度学习技术的应用 ........................................... 1

  1.1 本书示例代码简介 ........................................................ 1

    1.1.1 安装编译好的文件 .................................................. 1

    1.1.2 在 Demo App 中应用神经网络技术 ................................... 2

  1.2 移动端主体检测和分类 .................................................... 2

  1.3 在线上产品中以"云+端计算"的方式应用深度学习技术 ......................... 4

  1.4 在移动端应用深度学习技术的业界案例 ...................................... 6

    1.4.1 植物花卉识别 ...................................................... 6

    1.4.2 奇妙的风格化效果 .................................................. 7

    1.4.3 视频主体检测技术在 App 中的应用 ................................... 7

  1.5 在移动端应用深度学习技术的难点 .......................................... 8

    1.5.1 在服务器端和移动端应用深度学习技术的难点对比 ..................... 8

    1.5.2 实现 AR 实时翻译功能 .............................................. 9

  1.6 编译运行深度学习 App .................................................... 12

    1.6.1 mobile-deep-learning 项目环境简介 ................................ 12

    1.6.2 mobile-deep-learning 项目整体代码结构 ............................ 13

    1.6.3 mobile-deep-learning 通用环境依赖 ................................ 14

1.7 在 iOS 平台上搭建深度学习框架 ································· 15
   1.7.1 在 iOS 平台上搭建 mobile-deep-learning 项目 ················ 15
   1.7.2 在 OS X 平台上编译 mobile-deep-learning 项目 ················ 16
   1.7.3 iOS 平台上 mobile-deep-learning 项目的 Demo 代码结构 ········ 17
1.8 在 Android 平台上搭建深度学习框架 ························· 18
   1.8.1 Android 平台上 mobile-deep-learning 项目的环境依赖 ··········· 18
   1.8.2 Android 平台上 mobile-deep-learning 项目的 Demo 代码结构 ····· 19
   1.8.3 用 Paddle-Lite 框架编译与开发 Android 应用 ················· 20
   1.8.4 开发一个基于移动端深度学习框架的 Android App ············ 22

## 第 2 章 以几何方式理解线性代数基础知识 ······················· 32

2.1 线性代数基础 ········································· 32
   2.1.1 标准平面直角坐标系 ································· 32
   2.1.2 改变坐标系的基向量 ································· 34
2.2 向量的几何意义 ······································· 35
   2.2.1 向量的加减运算 ····································· 36
   2.2.2 向量的数乘运算 ····································· 37
2.3 线性组合的几何意义 ··································· 38
2.4 线性空间 ············································· 40
2.5 矩阵和变换 ··········································· 41
2.6 矩阵乘法 ············································· 43
2.7 行列式 ··············································· 46
2.8 矩阵的逆 ············································· 48
2.9 秩 ··················································· 49
2.10 零空间 ·············································· 50
2.11 点积和叉积的几何表示与含义 ··························· 51

## 2.11.1 点积的几何意义 ... 51
## 2.11.2 叉积的几何意义 ... 52
## 2.12 线性代数的特征概念 ... 53
## 2.13 抽象向量空间 ... 54

# 第 3 章 什么是机器学习和卷积神经网络 ... 56
## 3.1 移动端机器学习的全过程 ... 56
## 3.2 预测过程 ... 57
## 3.3 数学表达 ... 59
### 3.3.1 预测过程涉及的数学公式 ... 59
### 3.3.2 训练过程涉及的数学公式 ... 60
## 3.4 神经元和神经网络 ... 61
### 3.4.1 神经元 ... 61
### 3.4.2 神经网络 ... 63
## 3.5 卷积神经网络 ... 63
## 3.6 图像卷积效果 ... 65
### 3.6.1 从全局了解视觉相关的神经网络 ... 65
### 3.6.2 卷积核和矩阵乘法的关系 ... 66
### 3.6.3 多通道卷积核的应用 ... 69
## 3.7 卷积后的图片效果 ... 70
## 3.8 卷积相关的两个重要概念：padding 和 stride ... 75
### 3.8.1 让卷积核"出界"：padding ... 75
### 3.8.2 让卷积核"跳跃"：stride ... 75
## 3.9 卷积后的降维操作：池化 ... 76
## 3.10 卷积的重要性 ... 77

# 第 4 章 移动端常见网络结构 ... 78
## 4.1 早期的卷积神经网络 ... 78

## 4.2 AlexNet 网络结构 ... 79
## 4.3 GoogLeNet 网络结构 ... 79
### 4.3.1 模型体积问题 ... 80
### 4.3.2 计算量问题 ... 80
## 4.4 尝试在 App 中运行 GoogLeNet ... 81
### 4.4.1 将 32 位 float 参数转化为 8 位 int 参数以降低传输量 ... 82
### 4.4.2 将 CPU 版本服务器端框架移植到移动端 ... 83
### 4.4.3 应用在产品中的效果 ... 84
## 4.5 轻量化模型 SqueezeNet ... 85
### 4.5.1 SqueezeNet 的优化策略 ... 85
### 4.5.2 fire 模块 ... 86
### 4.5.3 SqueezeNet 的全局 ... 86
## 4.6 轻量高性能的 MobileNet ... 88
### 4.6.1 什么是深度可分离卷积（Depthwise Separable Convolution） ... 88
### 4.6.2 MobileNet v1 网络结构 ... 89
### 4.6.3 MobileNet v2 网络结构 ... 91
## 4.7 移动端神经网络模型的优化方向 ... 92

# 第 5 章 ARM CPU 组成 ... 94
## 5.1 现代计算机与 ARM CPU 架构的现状 ... 94
### 5.1.1 冯·诺依曼计算机的基本结构 ... 94
### 5.1.2 移动计算设备的分工 ... 96
## 5.2 简单的 CPU 模型 ... 98
### 5.2.1 取指过程 ... 98
### 5.2.2 译码过程 ... 99

5.2.3　执行过程 ·················· 100
　　　5.2.4　回写过程 ·················· 101
　　　5.2.5　细化分工：流水线技术 ········ 102
　5.3　汇编指令初探 ···················· 102
　　　5.3.1　汇编语言程序的第一行 ········ 102
　　　5.3.2　这些指令是什么 ············· 105
　5.4　汇编指令概况 ···················· 106
　　　5.4.1　ARM CPU 家族 ·············· 106
　　　5.4.2　ARMv7-A 处理器架构 ········· 107
　　　5.4.3　ARMv7 汇编指令介绍 ········· 109
　5.5　ARM 指令集架构 ·················· 111
　5.6　ARM 手机芯片的现状与格局 ········ 113

## 第 6 章　存储金字塔与 ARM 汇编 ········ 115
　6.1　ARM CPU 的完整结构 ·············· 115
　6.2　存储设备的金字塔结构 ············ 117
　6.3　ARM 芯片的缓存设计原理 ·········· 119
　　　6.3.1　缓存的基本理解 ············· 119
　　　6.3.2　简单的缓存映射结构：直接映射 · 121
　　　6.3.3　灵活高效的缓存结构：组相联映射 · 123
　　　6.3.4　利用一个简单的公式优化访存性能 · 125
　6.4　ARM 汇编知识 ···················· 126
　　　6.4.1　ARM 汇编数据类型和寄存器 ···· 127
　　　6.4.2　ARM 指令集 ················· 130
　　　6.4.3　ARM 汇编的内存操作 ········· 131
　6.5　NEON 汇编指令 ··················· 133

|  |  |  |
|---|---|---|
| | 6.5.1 NEON 寄存器与指令类型 | 134 |
| | 6.5.2 NEON 存储操作指令 | 135 |
| | 6.5.3 NEON 通用数据操作指令 | 137 |
| | 6.5.4 NEON 通用算术操作指令 | 138 |
| | 6.5.5 NEON 乘法指令 | 139 |
| | 6.5.6 运用 NEON 指令计算矩阵乘法 | 140 |

## 第 7 章 移动端 CPU 预测性能优化 · 142

### 7.1 工具及体积优化 · 142
- 7.1.1 工具使用 · 143
- 7.1.2 模型体积优化 · 148
- 7.1.3 深度学习库文件体积优化 · 149

### 7.2 CPU 高性能通用优化 · 150
- 7.2.1 编译选项优化 · 150
- 7.2.2 内存性能和耗电量优化 · 151
- 7.2.3 循环展开 · 153
- 7.2.4 并行优化与流水线重排 · 154

### 7.3 卷积性能优化方式 · 157
- 7.3.1 滑窗卷积和 GEMM 性能对比 · 157
- 7.3.2 基于 Winograd 算法进行卷积性能优化 · 160
- 7.3.3 快速傅里叶变换 · 162
- 7.3.4 卷积计算基本优化 · 163

### 7.4 开发问题与经验总结 · 164

## 第 8 章 移动端 GPU 编程及深度学习框架落地实践 · 166

### 8.1 异构计算编程框架 OpenCL · 166
- 8.1.1 开发移动端 GPU 应用程序 · 167

    8.1.2　OpenCL 中的一些概念 ················································ 168

8.2　移动端视觉搜索研发 ····················································· 169

    8.2.1　初次探索移动端 AI 能力 ··············································· 170

    8.2.2　取消拍照按钮，提升视觉搜索体验 ································· 171

    8.2.3　使用深度学习技术提速视觉搜索 ···································· 172

    8.2.4　通过 AI 工程技术提升视觉搜索体验 ······························ 174

8.3　解决历史问题：研发 Paddle-Lite 框架 ····························· 176

    8.3.1　体积压缩 ······································································· 178

    8.3.2　工程结构编码前重新设计 ··············································· 178

    8.3.3　视觉搜索的高级形态：实时视频流式搜索 ······················· 184

# 第 1 章
# 初窥移动端深度学习技术的应用

本章以应用案例作为切入点，展示移动端深度学习示例代码编译后的效果。希望能让读者对于在移动端应用深度学习技术产生兴趣，而不是仅仅将其看作一连串的公式和高深莫测的概念。本章内容相对简单，主要包括引导读者部署环境、对代码简要说明，以及在移动端应用深度学习技术的现状简介。

## 1.1 本书示例代码简介

为了方便学习和讲解，本书以 mobile-deep-learning 项目（见"链接 1"）作为示例，该项目于 2017 年开源，先后被用于百度内部的多个 App。2018 年之后，该项目被 Paddle-Lite 框架逐步取代，在本书第 8 章会介绍该框架的设计。由于 mobile-deep-learning 项目的代码结构简单，更适合初学者，所以本书会多次以该项目的代码作为例子进行讲解。这些代码主要是卷积神经网络的具体实现，也就是我们经常提及的 CNN（Convolutional Neural Network）。如果尚未接触 CNN 的相关知识，请不要着急，关于神经网络和卷积的概念会在第 3 章详细介绍。

### 1.1.1 安装编译好的文件

本章演示所用的 AI 场景已经有编译好的 Demo（示例）和源码，而且为 iOS 和 Android 两个系统都提供了 Demo 安装文件和源码，见"链接 2"。

### 1.1.2 在 Demo App 中应用神经网络技术

在使用一些神经网络框架进行开发时，大多数情况下并不需要对深度学习的细枝末节都有所了解，就可以轻松开发出示例中的效果。先睹为快，如图 1-1 所示为 iOS 系统下的 Demo App 安装后的效果，该 Demo App 使用神经网络技术检测物体的大小和位置，并用长方形标出了物体的外框。

图 1-1 Demo App 效果图。该 Demo App 实现了用 CPU 和 GPU 两种模式运行神经网络

## 1.2 移动端主体检测和分类

在移动端应用深度学习技术能做哪些事呢？Android 和 iOS 系统下的两个 Demo 主要解

决了两类问题，对应在移动端平台上应用深度学习技术的两个常见方向。这两类问题分别解释如下。

- **物体在哪、有多大**

要在移动端 App 中描述物体在哪（位置）、有多大，其实用 4 个或者 3 个数值就可以。首先，必须有一个基础点的坐标，可以位于左上角或者其他顶点处。确立基础点坐标后，还需要 4 个数值来表示框选出来的物体的长宽和位置。如果展示区域是圆形的，就可以选择物体的中心坐标（确定位置）再加上半径 $r$（确定大小），共 3 个数值即可。

在深度学习领域，上述确定物体大小及位置的过程叫主体检测（Object Detection）。目前来看，如果得到能够描述主体区域的数值，就可以在图片或者视频中找到物体，并在物体周围标出长方形的外框，这样就完成了主体检测。这个基本认识很重要，在后面章节中会重点分析如何得到所需的坐标数值和范围数值。

至此，我们明确了物体的位置和大小的数值是如何定义的。这一类问题属于主体检测问题范畴，是一个检测的过程，1.1.2 节的 Demo 中就应用了主体检测技术。

- **物体是什么**

在神经网络运算中，从算法层面来看，主体检测过程和识别物体是什么（物体识别）的过程，在计算方式上是完全相同的，差别在于最终输出的数值。主体检测过程输出的是物体的位置及尺寸信息；而识别物体是什么（物体识别）的过程输出的是**所识别的物体可能属于哪些种类，以及该物体属于每个种类的可能性（概率）**，如表 1-1 所示。

表 1-1 物体识别过程得出的概率分布表

| 猜测物体种类 | 属于这个种类的可能性（概率） | 猜测物体种类 | 属于这个种类的可能性（概率） |
| --- | --- | --- | --- |
| 桌 | 50% | 水杯 | 10% |
| 椅 | 10% | 棋盘 | 1% |
| 凳 | 2% | …… | …… |
| 电脑 | 20% | | |

由表 1-1 可以看出，物体识别过程从本质上讲就是一个分类过程。也正因如此，在深度学习中将这个过程称为分类。

## 1.3 在线上产品中以"云+端计算"的方式应用深度学习技术

上面介绍了深度学习技术的两个基本应用场景——检测和分类。目前常见的神经网络大多是部署在云端服务器上,并通过网络请求来完成交互的。纯云端计算的方式简单可靠,但是在用户体验方面却存在诸多问题,比如网络请求的速度限制等。

接下来看一下在实际应用中,"云+端计算"这种方式的应用场景。本书后半部分会系统全面地介绍完全在移动端计算的解决方案。

图 1-2 展示了百度 App 的首页,可以点击搜索框右侧的相机图标(箭头处)进入图像搜索界面。

图 1-2　百度 App 的图像搜索入口

进入图像搜索界面后,可以对着物体、人脸、文本等生活中的一切事物拍照,并发起搜索,如图 1-3 所示。

图 1-4 展示的是进入手机百度图像搜索界面后的 UI 效果。图片中的框体就应用了典型的主体检测技术。其中的白色光点不需要关注,它们应用的是计算机视觉技术,不属于神经网络算法范畴。

还有一类 App 会用到深度学习技术,比如帮助用户对照片进行分类的 App,如图 1-5 所示。这类 App 要对大量图片进行分类,如果在服务器端远程处理后再返回移动端,那么性能和体验都会非常差,也会消耗大量的服务器资源,企业成本会骤增,因此建议将部分计算放在移动端本地处理。"拾相"这款 App 就使用了深度学习技术对图片进行本地快速分类,这样不但可以提升用户体验,而且不会占用大量服务器端 GPU 来维持 App 分类的稳定。

第 1 章 初窥移动端深度学习技术的应用

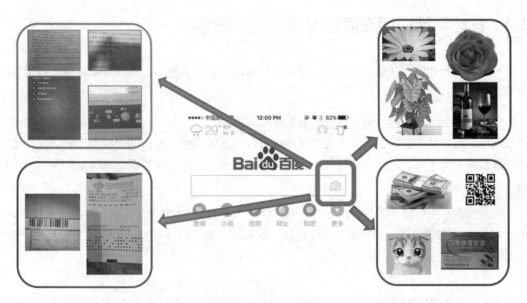

图 1-3 拍照并发起搜索

图 1-4 移动端自动识别物体区域

图 1-5 使用移动端深度学习技术对图片分类

## 1.4 在移动端应用深度学习技术的业界案例

在互联网行业中,在移动端应用深度学习技术的案例越来越多。从深度学习技术的运行端来看,主要可以分为下面两种。

一种是完全运行在移动端,这种方式的优点显而易见,那就是体验好。在移动端高效运行神经网络,用户使用起来会感觉没有任何加载过程,非常流畅。前面的"拾相"和手机百度中的图像搜索都属于这一流派,还有其他一些比较好的应用,典型的如识别植物花卉的 App "识花",见 1.4.1 节中的例子。

另一种是在服务器端运行深度学习技术,移动端只负责 UI 展示。在第一种流派出现之前,绝大部分 App 都是使用这种在服务器端运算、在移动端展示的方式的。这种方式的优点是实现相对容易,开发成本低。

### 1.4.1 植物花卉识别

花卉识别的 App 近两年来颇多,"识花"是微软亚洲研究院推出的一款用于识别花卉的 App,如图 1-6 所示,用户可以在拍摄后查看花卉信息,App 会给出该类花卉的详细相关信息。精准的花卉分类是其对外宣传的一大亮点。

图 1-6 识花 App

## 1.4.2 奇妙的风格化效果

将计算机视觉技术应用在 App 中，可以为图片实现滤镜效果。使用深度学习技术实现的风格化滤镜效果非常魔幻。例如，Philm 这款 App 就可以提供非常出色的体验，它使用了深度学习技术，有不少风格化滤镜效果，图 1-7 中的左图是原图，右图是增加滤镜效果之后的图。

图 1-7　Philm 的滤镜效果展示

除此之外，还有许多产品也尝试了在移动端支持视频、图片的风格化，如 Prisma 和 Artisto 这两款 App 也都可以实现风格化的效果。

## 1.4.3 视频主体检测技术在 App 中的应用

深度学习技术在移动端的应用越来越多，视频主体检测技术在 App 中的应用也在加速。目前，手机使用视频主体检测技术进行身份认证已经是非常普遍的事。视频主体检测技术主要根据物体的特征来进行判别，整个流程（如识别和监测这样的操作）包含大量的神经网络计算。图 1-8 是我们团队在 2017 年做的一个 Demo，它通过实时识别视频中的图像主体，再通过该区域进行图像搜索，就可以得到商品、明星等多种垂直分类相关图片的信息。

图 1-8　移动端视频播放器中的视频主体检测效果

你可能会问,这一功能的意义是什么?直接来看,我们可以利用此技术为视频动态添加演员注解,并且动态支持"跳转到 xxx(某个明星的名字)出现的第一个镜头"这样的命令。扩展来看,我们还可以思考一下这一功能实现商业化的方式可能有哪些。例如,假设某个女士看到视频中出现了她喜欢的包包,但是不知道在哪里能够买到。使用了视频主体检测技术后,可以让用户自行筛选,然后在视频中自动提示包包的产地、品牌等信息,甚至可以让用户直接购买。这样就能扩展出非常多的移动 AI 场景。

## 1.5　在移动端应用深度学习技术的难点

### 1.5.1　在服务器端和移动端应用深度学习技术的难点对比

在移动端应用深度学习技术,要考虑各种机型和 App 指标的限制,因此难点较多。如何使深度学习技术稳定高效地运行在移动设备上是最大的考验。拆解落地过程中的复杂算法问题,就是移动端团队面临的首要挑战。通过对比服务器端的情况,更容易呈现移动端应用深度学习技术的难点,对比如表 1-2 所示。

表 1-2　在服务器端和移动端应用深度学习技术的难点对比

| 对比点 | 服务器端 | 移动端 |
| --- | --- | --- |
| 内存 | 内存较大,一般不构成限制 | 内存有限,很容易构成限制 |
| 耗电量 | 不构成限制 | 移动设备的耗电量是一个很重要的限制因素 |
| 依赖库体积 | 不构成限制 | 因为移动设备存储空间有限,所有依赖库体积容易构成限制 |

（续表）

| 对比点 | 服务器端 | 移动端 |
|--------|----------|--------|
| 模型体积 | 常规模型体积为 200MB | 模型体积不宜超过 10MB |
| 性能 | GPU box 等集群式计算量很容易超过百级别的 Tflops（每秒 1 万亿次浮点运算） | 移动 CPU 和 GPU 极少能达到 Tflops 级别的算力，多数集中在 Gflops（每秒 10 亿次浮点运算）级别 |

在移动端 App 的开发过程中，需要克服以上所有困难，才能在移动端应用相关技术。将 Demo 的演示效果转化为亿级安装量的 App 线上效果，并不是一件容易的事情。在移动端和嵌入式设备的 App 中使用深度学习技术，可以大大提升 App 给用户带来的体验。但是，只应用深度学习技术还不能实现所有想要的效果，往往还要结合计算机视觉相关的技术，才能解决从实验到上线的难题。工程师需要具备很高的将工程与算法结合的能力，才能综合运用多种技术解决问题。在移动端应用深度学习技术时，往往没有太多可以查阅和参考的资料，需要开发人员活学活用，因地制宜。接下来通过实例看一下，如何使用诸多办法来实现 AR 实时翻译功能。

## 1.5.2　实现 AR 实时翻译功能

AR 实时翻译能够实现所见即所得的翻译效果，什么意思呢？来看下面的实例，在图 1-9 中，电脑屏幕上有"实时翻译"四个字，将其放在百度 App 图像搜索实时翻译框中，就能得到"Real-Time translation"，而且手机上的文字和电脑屏幕上的文字具有同样的背景色和字色。

图 1-9　实时翻译效果图

AR 实时翻译功能最早在 Google 翻译软件中应用并上线，Google 使用了翻译和 OCR（图片转文本）模型全部离线的方式。翻译和 OCR 离线的好处是，用户不联网也能使用实时翻译功能，且每帧图像在及时处理运算后实时贴图，以达到即视效果。

但是全部离线的方式也有弊端，那就是 OCR 和翻译模型体积较大，且需要用户下载到手机中才可以使用。另外离线 OCR 和离线翻译模型压缩体积后会导致准确率降低，用户体验变差：Google 翻译 App 中的词组翻译效果较好，在翻译整句和整段时表现就不够理想。

2017 年下半年，笔者参与并主导了百度 App 中的实时翻译工作的落地。在开始时，团队面对的首要问题是，翻译计算过程是使用服务器端返回的结果，还是使用移动端的本地计算结果？如果使用移动端的计算结果，用户就不需要等待服务器端返回结果，能够减少不必要的延迟。我们只需要针对移动端的 OCR 和翻译的计算过程，在移动端做性能调优，即可保证每一帧图像都可以快速贴图。移动端性能优化技术其实是我们更擅长的。这样看来，似乎使用移动端计算结果的优点很多，但是其缺点也不容忽视——长文本可能出现"不说人话"的翻译效果。经过分析和讨论，我们回到问题的本质：AR 实时翻译的本质是要给用户更好的翻译效果，而不是看似酷炫的实时贴合技术。

最后，我们选择了使用服务器端的返回结果。图 1-10 就是上线第一个版本后的试用效果，左边是原文，右边是融合了翻译结果和背景色的效果。

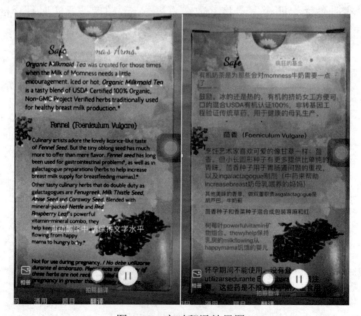

图 1-10　实时翻译效果图

看看图 1-10 的效果，如果从头做这件事，应该如何拆解过程？

首先，需要将文本提取和翻译分成两部分；接着，拿到翻译结果后，还需要找到之前的位置，准确地贴图。依次介绍如下。

### 1. OCR 提取文本

（1）需要把单帧图片内的文本区域检测出来。a. 检测文本区域是典型的深度学习技术范畴，使用检测模型来处理。b. 对文本区域的准确识别决定了贴图和背景色的准确性。

（2）要对文本的内容进行识别，就要知道写的具体是什么。a. 识别文本内容需要将图像信息转化为文本，这一过程可以在移动端进行，也可以在服务器端进行。其原理是使用深度学习分类能力，将包含字符的小图片逐个分类为文本字符。b. 使用的网络结构 GRU 是 LSTM 网络的一种变体，它比 LSTM 网络的结构更加简单，而且效果也很好，因此是当前非常流行的一种网络结构。

### 2. 翻译获取

（1）如果是在移动端进行文本提取，那么在得到提取的文本后，就要将文本作为请求源数据，发送到服务器端。服务器端返回数据后，就可以得到这一帧的最终翻译数据了。

（2）请求网络进行图像翻译处理，移动端等待结果返回。

### 3. 找到之前的位置

当翻译结果返回后，很可能遇到一个类似"刻舟求剑"的问题：在移动端发送请求并等待结果的过程中，用户可能移动了手机摄像头的位置，服务器端返回的结果就会和背景脱离关系，从而无法贴合到对应的位置，这是从服务器端提取结果的弊端。解决这一问题需要使用跟踪技术。a. 需要用一个完整的三维坐标系来描述空间，这样就能知道手机现在和刚才所处的位置。b. 需要倒推原来文本所在位置和现在的位置之间的偏移量。c. 在跟踪的同时需要提取文字的背景颜色，以尽量贴近原图效果。文字和背景的颜色提取后，在移动端学习得到一张和原文环境差不多的背景图片。d. 将服务器端返回的结果贴合在背景图片上，大功告成。

图 1-11 是我们团队在初期对 AR 实时翻译功能进行的技术拆解，从中可以看到，在移动端进行 AI 创新，往往需要融合使用深度学习和计算机视觉等技术。

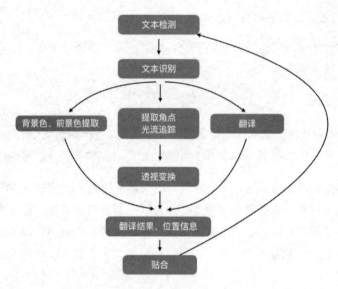

图 1-11　实时翻译流程图

如果你看过 AR 实时翻译的案例后仍然觉得晦涩，请不要着急，等学过移动端的机器学习、线性代数、性能优化等章节后，在本书的第 8 章将会展示一个相似的案例，相信那时候你会觉得明朗许多。

## 1.6　编译运行深度学习 App

前面展示了深度学习技术在移动端的应用案例，从利用深度学习技术开发的 Demo App 安装部署开始，可以快速预览整个移动端神经网络代码的基本结构。我们将分别对 iOS 和 Android 两大平台的神经网络代码进行部署及演示，以了解神经网络代码在移动端的应用场景。接下来的内容以简单实践为主，编译过程使用的是 OS X 系统和 Linux 系统。

### 1.6.1　mobile-deep-learning 项目环境简介

首先，我们要从 GitHub 将其中一个 Demo 项目的源代码下载到本地电脑中。这个过程需要预装 Git 相关工具，可以在网上查找 Git 的安装方法并完成安装，这里不再赘述。

第 1 章 初窥移动端深度学习技术的应用

将代码下载到本地:

git clone https://github.com/allonli/mobile-deep-learning

下载完 mobile-deep-learning 代码后,打开项目根目录,可以看到以下目录结构,如图 1-12 所示:

图 1-12 mobile-deep-learning 的目录结构

## 1.6.2 mobile-deep-learning 项目整体代码结构

以上代码文件的数目略多,我们先简单看一下这些目录和文件都是做什么的,如下所示。

```
├── CMakeLists.txt          // CMake 文件
├── CONTRIBUTING.md
├── Help-for-Mac.md         // 代码部署在 OS X 平台的指南
├── LICENSE
```

```
├── README.md                  // 入口 readme
├── android-cmake              // Android cmake 相关
├── android_showcase.gif
├── baidu_showcase.gif
├── build.sh                   // 构建脚本，支持 Android 和 iOS 两个平台
├── examples                   // 稍后要部署的 Demo 代码就在这里
├── iOS                        // iOS 平台相关的深度学习代码
├── include                    // 头文件
├── ios-cmake                  // iOS cmake 相关
├── scripts                    // Android 平台的部署脚本
├── src                        // 深度学习框架实现代码
├── test                       // 测试用例
├── third-party                // 第三方依赖
└── tools                      // 模型和模型转换工具
```

根据对文件和目录的注释，我们可以对项目形成初步的认识。对于项目的核心代码、头文件，现在还不需要深入研究，主要关注 examples、iOS、android-cmake 这几个目录即可。这些目录是和 Android、iOS 平台的 Demo 代码相关的。

### 1.6.3 mobile-deep-learning 通用环境依赖

Protocol Buffer 是一种序列化信息结构的协议，对于程序间通信是很有用的。这个协议包含一个接口描述语言，描述一些协议结构，用于将这些信息结构解析成流。

Protocol Buffer 在 IT 行业中一直被广泛应用，也被用作一些深度学习框架的模型存储格式。

在移动端使用 Protocol Buffer 格式会造成依赖库的体积过大。在示例代码中使用的是 Protocol Buffer 描述格式的模型，需要将其转换为 Demo 程序能运行的格式。实现这一转换过程，需要安装 ProtoBuffer，接下来的编译过程则需要安装 CMake。相关的安装代码和解释如下。

**ProtoBuffer**

安装 Protocol Buffer，代码如下。

```
brew install protobuffer
```

caffe.pb.cc 和 caffe.pb.h 在 tools 目录中，是用 Protocol Buffer 3.4.0 生成的。如果已经有相应版本，则可以直接运行以下命令。

```
cd tools
protoc --proto_path=. --cpp_out=. caffe.proto
```

**CMake**

CMake 是一个开源的跨平台自动化建构系统，CMake 可以编译源码，能很轻松地从源码目录树中建构出多个二进制文件。CMake 也支持静态与动态程式库的建构。在源码演示过程中，我们将使用 CMake 作为构建工具。

## 1.7 在 iOS 平台上搭建深度学习框架

### 1.7.1 在 iOS 平台上搭建 mobile-deep-learning 项目

**环境依赖**

在 iOS 开发环境中搭建 mobile-deep-learning 项目，主要依赖的是常规的 iOS 开发工具和编译工具的支持。

**开发工具**

开发工具为 XCode IDE。

**编译工具**

编译工具为 CMake。

建议使用 **HomeBrew**（见"链接 3"）安装 CMake（见"链接 4"）。如果你已经安装了 CMake，则可以跳过这一步。

**导入工程**

按 1.1.1 节中的步骤下载示例代码后进入项目的根目录，用 Xcode 开发工具打开 examples/mdl_ios 目录下的 MDL.xcworkspace，如图 1-13 所示。

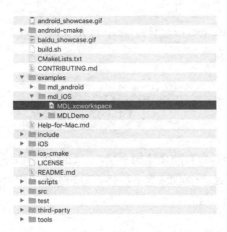

图 1-13　mobile-deep-learning iOS 工程目录结构

进入 MDL.xcworkspace 的界面，如图 1-14 所示。

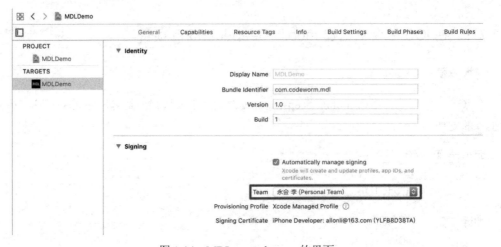

图 1-14　MDL.xcworkspace 的界面

## 1.7.2　在 OS X 平台上编译 mobile-deep-learning 项目

使用 mobile-deep-learning 项目中的编译脚本可以快速编译出移动端需要的二进制文件。下面是在 UNIX 内核的个人电脑上编译 mobile-deep-learning 的代码。

```
./build.sh mac
cd build/release/x86/build
./mdlTest
```

## 1.7.3　iOS 平台上 mobile-deep-learning 项目的 Demo 代码结构

iOS 工程导入完成后，我们可以看到 Xcode 开发工具中的文件目录结构，如图 1-15 所示，主要包含三个部分：MDLCPUCore、MDL 和 MDLDemo。其中，MDL 包括 GPU 部分和 CPU 部分，CPU 部分依赖 MDLCPUCore 这个工程。

目前我们需要了解的主要是 MDLDemo 工程，其目录结构如图 1-16 所示，可以看到这套框架和 Demo 都有 GPU 和 CPU 两套实现。第 2 章会进一步展开讲述 MDLDemo 工程，并详细讲解框架的细节，那时你就能看到全部代码。这里先假定你已经能够看懂 C++和 Swift 代码。

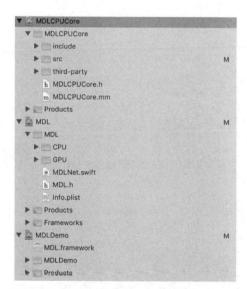

图 1-15　iOS 平台上 mobile-deep-learning 项目的代码文件目录结构

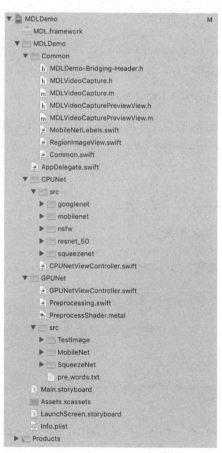

图 1-16　MDL Demo 工程的目录结构

## 1.8 在 Android 平台上搭建深度学习框架

### 1.8.1 Android 平台上 mobile-deep-learning 项目的环境依赖

**开发工具**

在 Android 平台上编写 Java 代码，最常见的开发工具是 Android Studio，本节也将使用 Android Studio 来构建工程。

**编译工具依赖**

mobile-deep-learning 项目的 Demo 代码和神经网络相关的部分是使用 C++开发的。在搭建 Android 开发环境时也要编译 C++代码。在开发 Android 应用程序时，编译 C++代码需要依赖 NDK（Native Development Kit）开发环境。

NDK 提供了一系列的工具，帮助开发者快速开发 C 或 C++的动态库，并能自动将 so 和 Java 应用一起打包成 APK。NDK 集成了交叉编译器（交叉编译器需要运行在 UNIX 或 Linux 系统环境下）。

NDK 的下载地址见"链接 5"。

**NDK 的配置**

配置 NDK 的步骤如下：

1. 获取和安装 Android SDK。

2. 下载 NDK，请确保为你的开发平台下载正确的版本。可以将解压缩的目录置于本地驱动器上的任意位置。

3. 将 PATH 环境变量加入 NDK 路径，代码如下。

```
export NDK_ROOT=//path to your NDK
export PATH=$NDK_ROOT: .... //NDK root
```

NDK 配置完成以后，还需要安装另一个"必备品"——Android Studio。安装好 Android

Studio 之后，直接打开，点击 File 选项，在下拉菜单中点击 Project Structure 选项，按照图 1-17 所示进行配置：

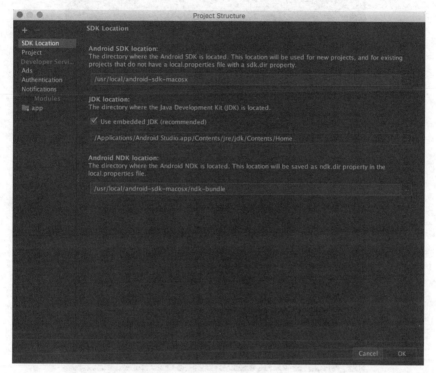

图 1-17　Android 平台工程配置

## 1.8.2　Android 平台上 mobile-deep-learning 项目的 Demo 代码结构

Demo 代码中的 Android 工程部分，建议使用 Android Studio 或者 IDEA 开发。使用这两个开发工具可以让代码的部署更快速，不会因为环境问题产生困扰。以 Android Studio 为例，导入 examples 目录下的 mdl_android 工程，界面如图 1-18 所示，可以看出 Android 平台的 Demo 代码非常简单，只有三个 Java 文件，主要是 UI 实现及调用神经网络框架的相关代码。

引入 mdl 类库比较简单，在 Android 平台只要使用 System.loadLibrary 就可以加载相关库文件：

```
System.loadLibrary("mdl");
```

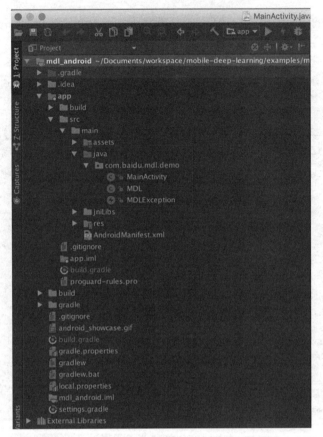

图1-18 Android 平台上 mobile-deep-learning 项目的 Demo 目录结构

mobile-deep-learning 项目的开发环境相对简单，在 GitHub 上能看到，其 Demo 代码量也更少。如果仅想体验 ARM CPU 或者 iOS 的 CPU 和 GPU 的演示效果，那么 mobile-deep-learning 项目的 Demo 已经足够使用。

### 1.8.3 用 Paddle-Lite 框架编译与开发 Android 应用

1.7.3 节和 1.8.2 节分别在 iOS 和 Android 平台上编译了 mobile-deep-learning 项目的 Demo，并让这两个基本的深度学习 Demo 运行起来了。接下来，我们尝试使用另一个移动端深度学习框架 Paddle-Lite 来打造一个简单的图像分类 App。Paddle-Lite 项目是 Paddle-Mobile 项目的升级版本，Paddle-Mobile 项目是 mobile-deep-learning 项目的升级版本。为了防止代码频繁变动，笔者将书中出现的 Paddle-Lite 代码压缩并放到了博文视点的官网，可以通过扫描读者服务中的二维码查看。如果读者想体验最新版本的 Paddle-Lite，可以直接到 GitHub 搜索查看。如果读者想在项目中使用 Paddle-Lite，还是建议下载其最新版。

**编译 Paddle–Lite ARM CPU 版本的 Android so 库**

首先，我们尝试在 OS X 或 Linux 平台上编译一个 Paddle-Lite 的 so 库，编译好这个 so 库以后，再搭建和开发 Android 应用程序。

从博文视点的官网上将 Paddle-Lite 源码下载到本地：

```
git clone https://github.com/Paddle Paddle/Paddle-Lite.git
```

在 Linux 或 OS X 系统中交叉编译 Paddle-Lite 库的 CPU 版本 so 库。

下载并解压 NDK 压缩文件到本地目录（以 OS X 为例）：

```
wget https://dl.google.com/android/repository/android-ndk-r18b-darwin-x86_64.zip
```

设置环境变量以确保能找到编译工具链，下面的例子将环境变量临时加到~/.bash_profile 或者/etc/profile 等环境初始化文件中了，更好的建议是加到系统环境变量中。

```
unzip android-ndk-r18b-darwin-x86_64.zip
export NDK_ROOT="/usr/local/android-ndk-r18b"
```

环境变量设置完成以后，可以使用下面的命令检查是否生效。

```
echo $NDK_ROOT
```

安装 cmake，需要安装较高版本的，笔者使用的系统是 OS X，cmake 版本号是 3.13.4。

```
brew install cmake
```

在 Linux 系统中，可以先下载 cmake，然后再配置环境变量，并执行 Bootstrap 安装，代码如下。

```
wget https://cmake.org/files/v3.13/cmake-3.13.4.tar.gz

tar -zxvf cmake-3.13.4.tar.gz

cd cmake-3.13.4

./bootstrap
```

```
make

make install
```

cmake 安装完成以后,可以使用 cmake --version 检查安装是否成功。

有了可用的 cmake 和 NDK 之后,就可以进入 Paddle-Lite 的 tools 目录执行编译脚本了。下面是编译 Android 版本的 so 库的命令。

```
cd Paddle-Lite/tools/
```

```
sh build.sh android
```

这里还有一个可选项要提及。在开发设计早期,我们团队深入讨论了如何减小包体积,我们提出并实践了很多方案,其中一项就是编译选项可以根据网络结构进行选择,如果开发者使用的是常见的网络结构,也想拿到一个更小体积的 so 库,就可以添加神经网络结构选项:

```
sh build.sh android googlenet
```

这样能让与 googlenet 不相关的 op 被忽略,从而让 so 库的体积变得更小。最后在 Paddle-Lite/build/release/arm-v7a/build 目录下可以找到 Paddle-Lite 库:

```
libPaddle-Lite.so
```

至此就顺利完成了一次编译,如果你想修改或优化 Paddle-Lite 的 C++语言、汇编语言或其他语言的代码,可以修改后自行编译。C++部分的代码开发建议使用 Clion,iOS metal 代码的开发建议使用的 IDE 是 Xcode。

### 1.8.4　开发一个基于移动端深度学习框架的 Android App

在开始创建 Android App 之前,需要下载并安装 Android Studio 3 或以上版本。由于新版本的 Android Studio 已经默认安装了 Android SDK,所以整个过程会比较方便(如果涉及对 Google 的访问,可能需要配置代理)。

安装 Android Studio 以后,创建一个新项目,名称自拟即可。由于 Kotlin 语言简单明了,所以为了快速成型,笔者在这选择了 Kotlin。不论是 Java 还是 Kotlin,都不会影响工程的创建和开发,只要选择你认为最容易实现的语言就可以。

# 第 1 章 初窥移动端深度学习技术的应用

本节使用的源码见"链接 6"。虽然可以复制源码并直接运行，但仍然建议参照源码从零开始搭建并编写这一部分代码，这样可以更深刻地理解一个简单的视觉神经网络程序在移动端运行的步骤。

有了 IDE 等基本环境后，建立一个基础工程，如图 1-19 所示：

图 1-19 在 Android 平台创建基础工程

在 GitHub 上的 Paddle-Lite 项目中可以找到一些测试模型下载地址，截至 2019 年 8 月，GitHub 社区使用的模型见"链接 7"。这些测试模型可以用于开发相关程序。

将模型包下载到本地并解压，就能得到一系列测试模型。在本例中，笔者使用的模型是 MobileNet，从模型文件中可以看到这个模型的基本构成、卷积的尺寸和步长等。

接下来将准备使用的模型目录拷贝到工程中。我们将 MobileNet 目录的内容放到 assets/pml_demo 下，以工程的 src 目录为根目录，展开层级如下：

```
src
└── main
```

```
├── AndroidManifest.xml
├── assets
│   └── pml_demo
│       ├── apple.jpg
│       ├── banana.jpeg
│       ├── hand.jpg
│       ├── hand2.jpg
│       └── mobilenet
│           ├── __model__
│           ├── conv1_biases
│           ├── conv1_bn_mean
│           ├── conv1_bn_offset
│           ├── conv1_bn_scale
│           ├── conv1_bn_variance
│           ├── conv1_weights
│           ├── conv2_1_dw_biases
```

将模型拷贝到目地位置后,就要开始开发 App 的相关功能了,图 1-20 所示是笔者的 App 工程布局。

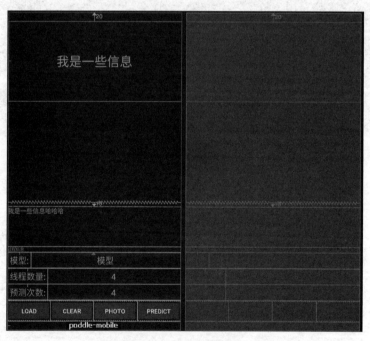

图 1-20　App 工程布局示例

## 第 1 章　初窥移动端深度学习技术的应用

App 启动后的第一件事是将模型文件从磁盘加载到内存中,这个过程被封装在 ModelLoader 中。在 MainActivity 中实现 init 初始化方法,在初始化过程中加载模型。经过简化后的代码如下所示(如需运行完整代码,请见"链接 8")。

```kotlin
private fun init() {
    updateCurrentModel()
    mModelLoader.setThreadCount(mThreadCounts)
    thread_counts.text = "$mThreadCounts"
    clearInfos()
    mCurrentPath = banana.absolutePath
    predict_banada.setOnClickListener {
        scaleImageAndPredictImage(mCurrentPath, mPredictCounts)
    }
    btn_takephoto.setOnClickListener {
        if (!isHasSdCard) {
            Toast.makeText(this@MainActivity,
R.string.sdcard_not_available,
                Toast.LENGTH_LONG).show()
            return@setOnClickListener
        }
        takePicFromCamera()

    }
    bt_load.setOnClickListener {
        isloaded = true
        mModelLoader.load()
    }

    bt_clear.setOnClickListener {
        isloaded = false
        mModelLoader.clear()
        clearInfos()
    }
    ll_model.setOnClickListener {
        MaterialDialog.Builder(this)
            .title("选择模型")
            .items(modelList)
            .itemsCallbackSingleChoice(modelList.indexOf(mCurrentType))
            { _, _, which, text ->
                info { "which=$which" }
                info { "text=$text" }
```

```kotlin
                    mCurrentType = modelList[which]
                    updateCurrentModel()
                    reloadModel()
                    clearInfos()
                    true
                }
                .positiveText("确定")
                .show()
        }

        ll_threadcount.setOnClickListener {
            MaterialDialog.Builder(this)
                .title("设置线程数量")
                .items(threadCountList)
                .itemsCallbackSingleChoice(threadCountList.indexOf(mThreadCounts))
                { _, _, which, _ ->
                    mThreadCounts = threadCountList[which]
                    info { "mThreadCounts=$mThreadCounts" }
                    mModelLoader.setThreadCount(mThreadCounts)
                    reloadModel()
                    thread_counts.text = "$mThreadCounts"
                    clearInfos()
                    true
                }
                .positiveText("确定")
                .show()
        }

        runcount_counts.text = "$mPredictCounts"

        ll_runcount.setOnClickListener {
            MaterialDialog.Builder(this)
                .inputType(InputType.TYPE_CLASS_NUMBER)
                .input("设置预测次数", "10") { _, input ->
                    mPredictCounts = input.toString().toLong()
                    info { "mRunCount=$mPredictCounts" }
                    mModelLoader.mTimes = mPredictCounts
                    reloadModel()
                    runcount_counts.text = "$mPredictCounts"
                }.inputRange(1, 3)
```

```
            .show()
        }
    }
```

  MainActivity 类的代码也从侧面反映了一个视觉深度学习 App 需要处理的一些问题，比如与图像相关的权限、输入尺寸等问题，可以从初始化等核心方法入手。从上面代码中能看到 MainActivity 类中的 init 方法实现，init 方法逻辑包含 Loader 的初始处理和一些基本事件的监听。由于深度学习技术对算力要求较高，所以往往会利用多线程处理技术来提升性能，这里的 init 方法就调用了多线程处理过程。多线程相关的底层实现使用了 openmp api，多线程逻辑相对简单地作为入口参数传入其中。

  MainActivity 作为界面和调起入口角色，除了要负责 init 初始化任务，还要负责调起逻辑。下面就是其调起预处理和深度学习预测过程的代码。

```kotlin
/**
 * 缩放，然后预测这张图片
 */
private fun scaleImageAndPredictImage(path: String?, times: Long) {
    if (path == null) {
        Toast.makeText(this, "图片 lost", Toast.LENGTH_SHORT).show()
        return
    }
    if (mModelLoader.isbusy) {
        Toast.makeText(this, "处于前一次操作中", Toast.LENGTH_SHORT).show()
        return
    }
    mModelLoader.clearTimeList()
    tv_infos.text = "预处理数据,执行运算..."
    mModelLoader.predictTimes(times)
    Observable
            .just(path)
            .map {
                if (!isloaded) {
                    isloaded = true
                    mModelLoader.setThreadCount(mThreadCounts)
                    mModelLoader.load()
                }
                mModelLoader.getScaleBitmap(
                        this@MainActivity,
                        path
```

```kotlin
            )
        }
        .subscribeOn(Schedulers.io())
        .observeOn(AndroidSchedulers.mainThread())
        .doOnNext { bitmap -> show_image.setImageBitmap(bitmap) }
        .map { bitmap ->
            var floatsTen: FloatArray? = null
            for (i in 0..(times - 1)) {
                val floats = mModelLoader.predictImage(bitmap)
                val predictImageTime = mModelLoader.predictImageTime
                mModelLoader.timeList.add(predictImageTime)
                if (i == times / 2) {
                    floatsTen = floats
                }
            }
            Pair(floatsTen!!, bitmap)
        }
        .observeOn(AndroidSchedulers.mainThread())
        .map { floatArrayBitmapPair ->
            mModelLoader.mixResult(show_image, floatArrayBitmapPair)
            floatArrayBitmapPair.second
            floatArrayBitmapPair.first
        }
        .observeOn(Schedulers.io())
        .map(mModelLoader::processInfo)
        .observeOn(AndroidSchedulers.mainThread())
        .subscribe(object : Observer<String?> {
            override fun onSubscribe(d: Disposable) {
                mModelLoader.isbusy = true
            }

            override fun onNext(resultInfo: String) {
                tv_infomain.text = mModelLoader.getMainMsg()
                tv_preinfos.text =
                    mModelLoader.getDebugInfo() + "\n" +
                        mModelLoader.timeInfo + "\n" +
                        "点击查看结果"

                tv_preinfos.setOnClickListener {
                    MaterialDialog.Builder(this@MainActivity)
```

```kotlin
                    .title("结果:")
                    .content(resultInfo)
                    .show()
            }
        }

        override fun onComplete() {
            mModelLoader.isbusy = false
            tv_infos.text = ""
        }

        override fun onError(e: Throwable) {
            mModelLoader.isbusy = false
        }
    })
}
```

多数情况下,深度学习程序要有预处理过程,目的是将输入尺寸和格式规则化,视觉深度学习的处理过程也不例外。如果不是可变输入的网络结构,那么一张输入图片在进入神经网络计算之前需要经历一些"整形",这样能让输入尺寸符合预期。下面来看一下包含主要计算逻辑的 Loader,它包含预处理、预测等逻辑的直接实现。图像本身的数据是一个矩阵,因而预处理逻辑往往也是以矩阵的方式来处理的。

```kotlin
override fun getScaledMatrix(bitmap: Bitmap, desWidth: Int, desHeight: Int): FloatArray {
    val rsGsBs = getRsGsBs(bitmap, desWidth, desHeight)

    val rs = rsGsBs.first
    val gs = rsGsBs.second
    val bs = rsGsBs.third

    val dataBuf = FloatArray(3 * desWidth * desHeight)

    if (rs.size + gs.size + bs.size != dataBuf.size) {
        throw IllegalArgumentException("rs.size + gs.size + bs.size != dataBuf.size should equal")
    }

    // bbbb... gggg.... rrrr...
    for (i in dataBuf.indices) {
```

```kotlin
        dataBuf[i] = when {
            i < bs.size -> (bs[i] - means[0]) * scale
            i < bs.size + gs.size -> (gs[i - bs.size] - means[1]) * scale
            else -> (rs[i - bs.size - gs.size] - means[2]) * scale
        }
    }

    return dataBuf
}
```

从上面的代码也能看到，这个预处理过程结束后得到的是一个BGR（蓝、绿、红）格式的数组。这部分代码在MobileNetModelLoaderImpl类中可以找到（完整代码见"链接9"）。

前面编译了Paddle-Lite的so库，它是使用C++编写的工程。现在我们要在Android App中使用相关so库中的功能，需要通过JNI（Java Native Interface）调用Paddle-Lite库函数，将数据从Kotlin层传入JNI，得到预测结构，如下面的代码所示。

```kotlin
override fun predictImage(inputBuf: FloatArray): FloatArray? {
    var predictImage: FloatArray? = null
    try {
        val start = System.currentTimeMillis()
        predictImage = PML.predictImage(inputBuf, ddims)
        val end = System.currentTimeMillis()
        predictImageTime = end - start
    } catch (e: Exception) {
    }
    return predictImage
}

override fun predictImage(bitmap: Bitmap): FloatArray? {
    return predictImage(getScaledMatrix(bitmap, getInputSize(), getInputSize()))
}
```

从上述代码可以看出，如果基于Paddle-Lite使用层面编写深度学习App，那么思路并不复杂。从MobileNetModelLoaderImpl类中可以看到，核心调用过程的代码量也非常少。

上述代码省略了文件拷贝和其他一些预处理过程，只展示了核心处理过程。从中可以看到，使用已有的深度学习库集成并开发深度学习功能是比较简单的。源代码在GitHub相应库中（见"链接10"），使用Android Stuido直接运行，就能看到图1-21所示的效果，Demo App对香蕉图片正确分类，并输出了相应的文本。

第 1 章　初窥移动端深度学习技术的应用

图 1-21　使用 Paddle-Lite 框架实现的 Demo 运行效果

# 第 2 章
# 以几何方式理解线性代数基础知识

深度学习是实现人工智能的途径之一，深度学习已经发展为一门多领域的交叉学科，涉及线性代数、概率论、统计学、逼近论、凸分析、计算复杂性理论等多门学科。学习移动端深度学习相关的内容，尤其需要线性代数的基础知识，故而本章将从神经网络相关的线性代数理论开始，简单而全面地介绍相关的线性代数知识。如果你已经具备线性代数的基础，则可以略过本章。需要说明的是，为了便于零基础读者理解线性代数，本章使用了诸多易于理解的表示方法，有些表示方法可能并不完全符合数学规范。

## 2.1 线性代数基础

线性代数中最重要的概念是矩阵，如果我们能够以线性变换的思维方式理解矩阵的意义，就可以快速理解大部分线性代数知识。大学阶段的线性代数课程往往会让人感觉晦涩难懂，且不知学为何用。本章力求用最简化和通俗的语言讲清楚线性代数的一些基本原理和概念，这些内容将有助于我们理解深度学习。

### 2.1.1 标准平面直角坐标系

在了解矩阵和线性变换之前，我们先回顾一下二维（平面）坐标系，这有助于我们理解更复杂的概念。初中几何中最常见的坐标系就是由法国数学家笛卡儿创建的标准平面直角坐标系，如图 2-1 所示。

第 2 章　以几何方式理解线性代数基础知识

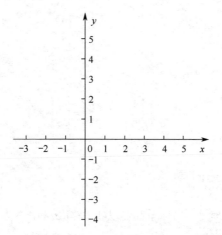

图 2-1　标准平面直角坐标系

平面直角坐标系中的任意一个向量都可以由最基本的向量 $\begin{bmatrix}1\\0\end{bmatrix}$ 和 $\begin{bmatrix}0\\1\end{bmatrix}$ 来表示，我们将这两个向量称为**基向量**（**也叫基底、基**），如图 2-2 所示。

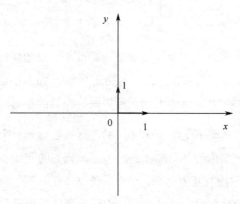

图 2-2　标准平面直角坐标系中的基向量

从图 2-2 可以看到，基向量的长度都是 1，这个坐标系是一个非常标准的直角坐标系。

对于坐标系内的任一坐标点 $(x, y)$，以坐标原点为起点向该坐标点做向量，记为 $a$，易知 $a = x\begin{bmatrix}1\\0\end{bmatrix} + y\begin{bmatrix}0\\1\end{bmatrix}$，因此可以记作 $a = (x, y)$，这就是向量 $a$ 的坐标表示，其坐标值可以看作基向量的倍乘。两个基向量的坐标表示为 $(1, 0)$ 和 $(0, 1)$。

例如，$(1, 1)$ 这个点可以理解为是由两个基向量倍乘得到的，如下式所示。

33

$$1 \cdot \begin{bmatrix} 1 \\ 0 \end{bmatrix} + 1 \cdot \begin{bmatrix} 0 \\ 1 \end{bmatrix} = \begin{bmatrix} 1 \\ 1 \end{bmatrix}$$

同样，(2, 6)这个点可以理解为下式：

$$2 \cdot \begin{bmatrix} 1 \\ 0 \end{bmatrix} + 6 \cdot \begin{bmatrix} 0 \\ 1 \end{bmatrix} = \begin{bmatrix} 2 \\ 6 \end{bmatrix}$$

### 2.1.2 改变坐标系的基向量

以上示例算式成立的前提是，坐标系都是以(1, 0)和(0, 1)作为基向量的。如果不以这两个向量作为基向量，会发生什么呢？

**当我们把标准的平面直角坐标系中的基向量修改以后，就会得到新的坐标系。**

例如，应该怎么解读下式呢？

$$2 \cdot \begin{bmatrix} 0 \\ 1 \end{bmatrix} + 6 \cdot \begin{bmatrix} -1 \\ 0 \end{bmatrix} = \begin{bmatrix} -6 \\ 2 \end{bmatrix}$$

这看来很不寻常，(1, 0)和(0, 1)向量可以理解为标准平面直角坐标系的基石，离开了这两个向量，标准平面直角坐标系将不复存在。上式的初衷是想表达(2, 6)这个向量，但是因为基向量不再是(1, 0)和(0, 1)，而变成了(0, 1)和(-1, 0)，所以最终得到的是另一个向量。

基向量可以是不标准的（即不是(1, 0)和(0, 1)），这就会得到一个改变了基向量的平面坐标系，在我们看来会觉得它是变形的甚至翻转的。但是，我们的判断也许是片面的，因为在那个"变形"的坐标系内看标准平面直角坐标系，也会觉得是"变形"的。如果从这个角度深入思考，总会让人感觉不是在思考线性代数，而是哲学。**你认为真实的世界只是因为它看起来更符合你的认知。**

2.3 节将会从线性组合的角度进一步解释这个问题。

延伸一下，我们来看一个移动端的计算机视觉场景，如图 2-3 所示。人眼看到的世界和手机"眼"（摄像头）看到的世界完全不相同。如果将人眼和手机摄像头看到的图都用坐标系来描述，它们的基向量也将是完全不相同的。

但是，那盆绿植是相同的，只是我们人类和手机看到的世界不同而已。

# 第 2 章 以几何方式理解线性代数基础知识

图 2-3 手机摄像头"看"到的场景不同于人眼看到的

利用线性代数的知识，可以描述人眼中和手机内两套坐标系的关系，还能从其中一个坐标系推导出另一个。在视觉摄像头场景中，经常需要利用线性代数的知识转换坐标系。

如果能在不同观察视角的坐标系之间自如转换，就可以解决一些常见的计算机视觉相关的问题。例如，我们想在绿植上面加一朵虚拟的花，即便手机发生了一些位移，也可以让虚拟的花朵稳定地保持在绿植的固定位置上。

与移动端深度学习密切相关的技术非常多，视觉技术方向在研发过程中也会涉及多种技术。将深度学习和视觉技术同步落地是非常重要的，两者往往缺一不可，而这两种技术都需要用到线性代数知识。

本章试图以直截了当的方式快速进入线性代数世界，但是这样难免会带来很多疑问，不过没关系，你可以带着这些疑问阅读下面的内容。接下来先看一下向量的几何意义。

## 2.2 向量的几何意义

向量是理解线性代数的前提和基础，如果还没有很好地理解向量就直接学习矩阵乘法和行列式，会让人感觉一头雾水。从向量的几何意义出发来理解线性代数中的各种其他概念，能够起到事半功倍的效果。向量，从物理的角度看是一个矢量，用带箭头的线段表示，箭头代表其方向。想要定义一个向量，需要知道它的长度以及它所指的方向。在平面上的向量是二维的，在空间中的向量是三维的。

也可以从另一个角度理解向量：给出一个明确的坐标，通过这个坐标信息就可以画出一个向量，该向量的起点就是原点，终点就是这个坐标点，如图 2-4 所示。

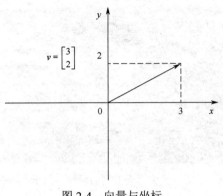

图 2-4　向量与坐标

## 2.2.1　向量的加减运算

向量的加减运算都可以使用三角形法则。

在向量的加法运算中,首先平移向量,使两个向量首尾相连;然后从一个向量的起点连到另一个向量的终点,所得到的向量就是两个向量相加的结果向量。

向量减法是加法的逆运算,首先将两个向量的起点移到一起,然后将两个向量的终点相连,箭头指向被减的向量,所得到的向量就是两个向量相减的结果向量。

为了更好地理解,下面以几何方式呈现向量 $\begin{bmatrix}1\\1\end{bmatrix}$ 和向量 $\begin{bmatrix}2\\-2\end{bmatrix}$ 加减的三角形法则示意图,图 2-5 的左图所示是两向量相加的运算,虚线向量为结果向量;右图所示是向量 $\begin{bmatrix}2\\-2\end{bmatrix}$ 减向量 $\begin{bmatrix}1\\1\end{bmatrix}$ 的运算,虚线向量为结果向量。

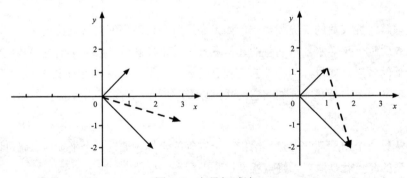

图 2-5　向量加减法

如果两个向量是固定的，那么经过加法或减法运算后得到的结果向量的长度和方向也将是固定的。

### 2.2.2 向量的数乘运算

向量的数乘（Scalar Multiplication of Vector）是指一个实数与一个向量的乘法运算。也可以通过向量加法来理解向量的数乘。如果两个相加的向量是相同的向量，那么结果就相当于将原向量的横纵坐标值都翻倍，方向不变。如果是 $n$ 个相同的向量相加，那么结果就相当于将横纵坐标值变为原向量的 $n$ 倍，方向不变。这里的 $n$ 就是向量数乘中的实数。

例如，向量 $\begin{bmatrix}1\\1\end{bmatrix}$ 数乘 2，即

$$2 \cdot \begin{bmatrix}1\\1\end{bmatrix} = \begin{bmatrix}2\\2\end{bmatrix}$$

其几何意义如图 2-6 所示，结果向量的长度是原始向量长度的 2 倍。

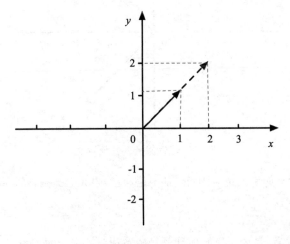

图 2-6　向量的数乘

在数乘运算中，如果实数大于 1，则数乘的效果是向量被拉伸；如果实数小于 1，则数乘的效果是向量被压缩。数乘运算可以改变向量的长度，但是不能改变向量的方向。

## 2.3 线性组合的几何意义

假设存在两个不共线的向量，分别对它们做数乘运算，然后再相加，就可以组合出坐标系中的任何向量，这一过程就是线性组合。值得一提的是，参与组合的一对向量不能是零向量，因为对零向量数乘所得到的向量永远是零向量。如果其中任何一个向量是零向量，那么讨论线性组合就没有意义了。

线性组合的几何意义如图 2-7 所示。假设有实数 $a$ 和 $b$、不共线向量 $v$ 和 $w$，$p$ 向量是它们线性组合的结果向量，即 $p = av + bw$，那么 $p$ 可以是二维空间中的任意向量（图中的多个箭头代表任意可能的向量）。

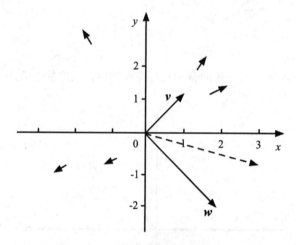

图 2-7 线性组合的几何意义

换一个角度来描述，如果向量 $p$ 固定，则不论向量 $v$ 和 $w$ 怎么变，都存在一组系数，使 $v$ 和 $w$ 仅通过一次组合就得到这个 $p$。

理解向量的几何意义，是为了更好地理解坐标系和线性组合的关系。2.1 节中讲过，向量 $\begin{bmatrix}1\\0\end{bmatrix}$ 和 $\begin{bmatrix}0\\1\end{bmatrix}$ 是标准平面直角坐标系的**基向量**，因为它们不共线，也都不是零向量，所以它们可以通过线性组合表示出整个二维空间中的任意向量。

反过来说，在一个标准平面直角坐标系中，任何一个向量都可以看作向量 $\begin{bmatrix}1\\0\end{bmatrix}$ 和 $\begin{bmatrix}0\\1\end{bmatrix}$ 的线性组合。例如，向量 $\begin{bmatrix}3\\4\end{bmatrix}=3\cdot\begin{bmatrix}1\\0\end{bmatrix}+4\cdot\begin{bmatrix}0\\1\end{bmatrix}$。

如果分别将(1, 0)和(0, 1)表示为向量 $x$ 和 $y$，那么向量 $3x+4y$ 可以表示为(3, 4)，也就是说向量(3, 4)是 $x$ 和 $y$ 的线性组合。由于(1, 0)和(0, 1)两个向量是该坐标系的基向量，所以对它们所乘的数值就直接代表相应坐标值，因而可以直接写成(3, 4)。

但是，如果在不是以(1, 0)和(0, 1)为基向量的坐标系中，就不能省略(1, 0)和(0, 1)两个向量了。例如，图 2-8 中的虚线坐标轴形成了一个新坐标系，它的基向量已经不再是原来的(1, 0)和(0, 1)了。所以如果仍然用(1, 0)和(0, 1)向量在新坐标系中表示其他向量，就不能省略(1, 0)和(0, 1)。

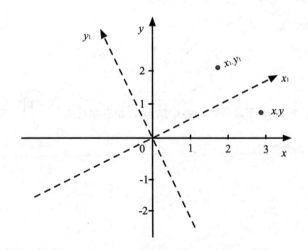

图 2-8　基向量不同的两个坐标系

假设(1, 0)和(0, 1)在新的坐标系中分别对应 $(x_1, y_1)$ 和 $(x_2, y_2)$，则坐标(3, 4)在新坐标系中的位置就要表示为下式：

$$3\cdot\begin{bmatrix}x_1\\y_1\end{bmatrix}+4\cdot\begin{bmatrix}x_2\\y_2\end{bmatrix}=\begin{bmatrix}x^{\text{new}}\\y^{\text{new}}\end{bmatrix}$$

其实还可以用另一种写法来表示线性组合：将两个基向量合并起来，写在一起，如下式：

$$\begin{bmatrix} 1 & 0 \\ 0 & 1 \end{bmatrix} \begin{bmatrix} 3 \\ 4 \end{bmatrix} = \begin{bmatrix} 3 \\ 4 \end{bmatrix}$$

在新坐标系中表示如下：

$$\begin{bmatrix} x_1 & x_2 \\ y_1 & y_2 \end{bmatrix} \begin{bmatrix} 3 \\ 4 \end{bmatrix} = \begin{bmatrix} x^{new} \\ y^{new} \end{bmatrix}$$

我们在这里提前看到了矩阵的写法：$\begin{bmatrix} x_1 & x_2 \\ y_1 & y_2 \end{bmatrix}$ 就是一个矩阵。

**什么是矩阵呢？矩阵是由一组维数相同的向量构成的数字阵。**

- 坐标系内的向量都是由基向量线性组合而成的。
- 同一向量放在不同坐标系内，对应的坐标不同。

现在再来看 2.1 节中的式子：

$$2 \cdot \begin{bmatrix} 0 \\ 1 \end{bmatrix} + 6 \cdot \begin{bmatrix} -1 \\ 0 \end{bmatrix} = \begin{bmatrix} -6 \\ 2 \end{bmatrix}$$

上式可以解读为：标准平面直角坐标系中的点(2, 6)在坐标系 $\begin{bmatrix} 0 & -1 \\ 1 & 0 \end{bmatrix}$（可以将矩阵看成坐标系的一种表示方法）中的位置。

## 2.4 线性空间

如果两个向量不共线，又都不是零空间（见 2.10 节），则它们是**线性无关的**；反之，如果两个向量共线，则它们是**线性相关的**。根据前文所述，标准平面直角坐标系的两个基向量符合线性无关的条件。

标准平面直角坐标系中的两个基向量，可以通过线性组合生成该平面内的所有向量，这些向量的合集就是这两个基向量的**线性空间**，本质就是两个基向量张成的平面空间。在三维空间中，任意两个线性无关的向量张成的平面，就构成了这两个向量的线性空间。

接下来要考虑一个问题，在前面的讲述中隐含了一个事实：默认二维空间的基向量有两个，三维空间的基向量有三个，为什么是这样的呢？我们从二维空间开始考虑，假设有基向量 *i* 和 *j*，

以及任意向量 $v$，则无论 $v$ 是怎样的，都可以用 $i$ 和 $j$ 通过线性组合得到，也就是说如果再增加向量作为第三个基向量，就会和原来的两个基向量是**线性相关的**，因此是多余的。延伸到三维空间也是同样道理，三个基向量已经能通过线性组合得到三维空间中的所有向量，再增加向量同样会出现**线性相关**的情况。

通过上述分析可以得到结论：**有了基向量，就有了坐标系**；如果改变基向量，由基向量组合而成的空间或者说整个坐标系就会发生根本性的变化，可能是在原来状态上的拉伸、压缩、或旋转。

## 2.5 矩阵和变换

英国数学家凯利在 19 世纪首先提出了矩阵（Matrix）的概念，它是一个按照长方形阵列排列的复数或实数集合，最初是由方程组的系数及常数所构成的方阵。

可以用坐标系变换来描述矩阵作用的本质。例如，一个平面直角坐标系向左旋转了 90°，怎样才能用数字描述这种运动呢？有一种办法：盯紧(1, 0)和(0, 1)这两个基向量对应的坐标点在新坐标系中的位置，并描述相对于原坐标系中的位置的变化。

变换和函数的作用类似，称之为"变换"是为了体现出图形上的变化。线性变换是其中一种变换，它有两个特征：

- 如果变换前是直线，那么线性变换以后仍然是直线。
- 如果将坐标系的原点固定，那么经过线性变换后，新坐标系的原点仍然保持原位，不会移动。

在二维空间中，如果知道两个不共线的向量，也知道它们经过线性变换后的结果向量，就可以求出该二维空间中的任意向量经过同样线性变换后的结果向量。因为通过这两个向量就可以知道变换后的空间的基向量是什么，而得到了基向量，就得到了整个坐标系。这个道理对多维空间同样适用。

在图 2-9 中，已知 $i$ 和 $j$ 是基向量 $\begin{bmatrix} 0 \\ 1 \end{bmatrix}$ 和 $\begin{bmatrix} 1 \\ 0 \end{bmatrix}$ 通过已知矩阵变换后得到的向量，如果 $\begin{bmatrix} x \\ y \end{bmatrix}$ 为变换前的向量，那么通过同样的矩阵做变换的过程如图 2-9 所示。

$$i \rightarrow \begin{bmatrix} 1 \\ -2 \end{bmatrix} \quad j \rightarrow \begin{bmatrix} 3 \\ 0 \end{bmatrix}$$

$$\begin{bmatrix} x \\ y \end{bmatrix} \rightarrow x \begin{bmatrix} 1 \\ -2 \end{bmatrix} + y \begin{bmatrix} 3 \\ 0 \end{bmatrix} = \begin{bmatrix} 1x + 3y \\ -2x + 0y \end{bmatrix}$$

图 2-9　$i$ 和 $j$ 矩阵乘法变换过程，将 $x$ 和 $y$ 分别与向量做数乘

我们可以将上式中的实数用 $a$、$b$、$c$、$d$ 来替代。下式展示了矩阵对向量 $\begin{bmatrix} x \\ y \end{bmatrix}$ 作用的过程，其实也可以理解为向量对矩阵的各列进行线性组合，这个式子和图 2-9 中的式子代表的含义是一样的，只不过换了一种写法，将坐标写到一起，就构成了**矩阵**。在该例中，矩阵含有两个向量，$x$ 和 $y$ 是这两个向量线性组合的系数。

$$\begin{bmatrix} a & b \\ c & d \end{bmatrix} \begin{bmatrix} x \\ y \end{bmatrix} = x \begin{bmatrix} a \\ c \end{bmatrix} + y \begin{bmatrix} b \\ d \end{bmatrix} = \begin{bmatrix} ax + by \\ cx + dy \end{bmatrix}$$

还可以从另一个角度理解：通过矩阵 $\begin{bmatrix} a & b \\ c & d \end{bmatrix}$ 对向量 $\begin{bmatrix} x \\ y \end{bmatrix}$ 进行线性变换，得到新的向量 $\begin{bmatrix} ax + by \\ cx + dy \end{bmatrix}$。

上面的矩阵变换可以看成将 (1, 0) 变换成 $(a, c)$、将 (0, 1) 变换成 $(b, d)$，然后通过变换后的矩阵，可以求得向量 $(x, y)$ 经过同样的变换后，会得到什么向量。这也说明单位矩阵（各个元素都是 1 的矩阵）的乘法具有不变性，因为经过单位矩阵作用之后得到的还是原来的向量。

下式中的 $x$ 和 $y$ 就是在以 $\begin{bmatrix} a \\ c \end{bmatrix}$ 和 $\begin{bmatrix} b \\ d \end{bmatrix}$ 为基向量的新坐标系中的横纵坐标。

$$x \begin{bmatrix} a \\ c \end{bmatrix} + y \begin{bmatrix} b \\ d \end{bmatrix}$$

矩阵乘法的本质（更详细的介绍见 2.6 节）就是线性变换，可以这样理解：矩阵乘法就是逐行对其中一个矩阵的基向量做线性变换。我们可以认为上式中的 $(a, c)$ 和 $(b, d)$ 两个坐标，和原坐标系中的 (1, 0)、(0, 1) 具有一样的作用，只不过以 $(a, c)$、$(b, d)$ 为基向量的坐标系是由以 (1, 0)、(0, 1) 为基向量的坐标系通过拉伸旋转等操作变化而来的。

如果把任意两个基向量的坐标竖起来写到一起，就变成矩阵了。现在我们思考下式代表什么含义。

$$A = \begin{bmatrix} 0 & -1 \\ 1 & 0 \end{bmatrix}$$

- 矩阵 $A$ 对应的基向量是 $\begin{bmatrix} 0 \\ 1 \end{bmatrix}$ 和 $\begin{bmatrix} -1 \\ 0 \end{bmatrix}$，而标准平面直角坐标系的基向量是 $\begin{bmatrix} 1 \\ 0 \end{bmatrix}$ 和 $\begin{bmatrix} 0 \\ 1 \end{bmatrix}$，因而矩阵 $A$ 对应的坐标系相当于把标准平面直角坐标系逆时针旋转 90°得到的。如果把这一过程看成动态变化的，则矩阵 $A$ 就可以用来表示这一过程。
- 由于坐标轴旋转了，整个坐标系也会随之旋转，标准平面直角坐标系内的所有向量也会一同旋转。
- 当标准平面直角坐标系里的任意向量被矩阵 $A$ 施加变换以后，就得到了新坐标系内对应的向量，在该例中，就是得到了逆时针旋转 90°后的向量。

在标准平面直角坐标系中，向量 $\begin{bmatrix} 1 \\ 0 \end{bmatrix}$ 和 $\begin{bmatrix} 0 \\ 1 \end{bmatrix}$ 构成了最基本的二维单位矩阵。其他所有的矩阵都可以看成是对单位矩阵的变换。每一个 2×2 矩阵可以看作一套坐标系。

## 2.6 矩阵乘法

如果矩阵对同一向量做线性变换，就会得到一个变换后的向量；如果矩阵对两个向量或者一组向量做变换，所做的就是**矩阵乘法**，如下式所示是矩阵 $A$ 和 $B$ 相乘，得到了矩阵 $C$。

$$A \times B = C$$

在二维空间内，可以把两个矩阵相乘看作其中一个矩阵所包含的两个向量，分别对另一个矩阵做线性变换后再叠加，结果矩阵就是叠加后的矩阵。

如图 2-10 所示，矩阵 $M_2$ 和 $M_1$ 相乘，等价于 $M_2$ 对 $M_1$ 的两个向量 $\begin{bmatrix} e \\ g \end{bmatrix}$ 和 $\begin{bmatrix} f \\ h \end{bmatrix}$ 分别进行线性变换。

$$\overbrace{\begin{bmatrix} a & b \\ c & d \end{bmatrix}}^{M_2} \overbrace{\begin{bmatrix} e & f \\ g & h \end{bmatrix}}^{M_1} = \begin{bmatrix} ae+bg & af+bh \\ ce+dg & cf+dh \end{bmatrix}$$

$$\begin{bmatrix} a & b \\ c & d \end{bmatrix} \begin{bmatrix} f \\ h \end{bmatrix} = f \begin{bmatrix} a \\ c \end{bmatrix} + h \begin{bmatrix} b \\ d \end{bmatrix}$$

图 2-10  矩阵 $M_2$ 和 $M_1$ 相乘

注意,只有在第一个矩阵的列数与第二个矩阵的行数相等的时候,矩阵的乘法才有意义。如果要求使用 C++实现一个矩阵乘法,可以用下面这种最简单的方式来实现:采用三层 for 循环,实现了一个最基本的矩阵乘法。

```
int aRow = 6;
int aCol = 6;

int bRow = 6;
int bCol = 6;
//第一个矩阵
int matrix_a[aRow][aCol] = {
{1,3,2,6,5,4},
{6,2,4,3,5,1},
{2,1,3,4,5,6},
{5,2,3,4,1,6},
{4,2,3,1,5,6},
{3,2,1,4,6,5},
};

//第二个矩阵
int matrix_b[bRow][bCol] = {
{3,3,2,1,5,4},
{1,2,4,3,5,5},
{2,1,9,4,5,2},
{5,2,6,4,1,1},
{4,7,3,1,5,5},
{3,8,1,4,6,4},
};
```

```cpp
int matrix_c[6][6];
//将矩阵的元素初始化为 0
for (auto i = 0; i < aRow; i++)
{
    for (auto j = 0; j < bCol; j++)
    {
        matrix_c[i][j] = 0;
    }
}

for (auto i = 0; i < aRow; i++)
{
    for (auto j = 0; j < bCol; j++)
    {
        for (auto k = 0; k < bRow; k++)
        {
            matrix_c[i][j] += matrix_a[i][k] * matrix_b[k][j];
        }
    }
}
```

这种实现可以完成计算,但是计算性能往往比较差。矩阵乘法的计算性能有很多优化方式,这些优化可以提升硬件在计算过程中的运行速度。第 7 章会详细介绍如何更高效地优化矩阵乘法的计算性能。

矩阵的乘法计算过程可以被分割成小块。例如,上面代码片段中的两个矩阵可以表示为下式,它们都可以被拆分为四个小块(如图 2-11 所示),分成对称的区块后,矩阵乘法法则同样适用。

$$A \times B = \begin{bmatrix} 1 & 3 & 2 & 6 & 5 & 4 \\ 6 & 2 & 4 & 3 & 5 & 1 \\ 2 & 1 & 3 & 4 & 5 & 6 \\ 5 & 2 & 3 & 4 & 1 & 6 \\ 4 & 2 & 3 & 1 & 5 & 6 \\ 3 & 2 & 1 & 4 & 6 & 5 \end{bmatrix} \begin{bmatrix} 3 & 3 & 2 & 1 & 5 & 4 \\ 1 & 2 & 4 & 3 & 5 & 5 \\ 2 & 1 & 9 & 4 & 5 & 2 \\ 5 & 2 & 6 & 4 & 1 & 1 \\ 4 & 7 & 3 & 1 & 5 & 5 \\ 3 & 8 & 1 & 4 & 6 & 4 \end{bmatrix}$$

$$\begin{bmatrix} 1 & 3 & 2 & 6 & 5 & 4 \\ 6 & E & 4 & 3 & F & 1 \\ 2 & 1 & 3 & 4 & 5 & 6 \\ 5 & 2 & 3 & 4 & 1 & 6 \\ 4 & J & 3 & 1 & K & 6 \\ 3 & 2 & 1 & 4 & 6 & 5 \end{bmatrix} \begin{bmatrix} 3 & 3 & 2 & 1 & 5 & 4 \\ 1 & G & 4 & 3 & H & 5 \\ 2 & 1 & 9 & 4 & 5 & 2 \\ 5 & 2 & 6 & 4 & 1 & 1 \\ 4 & M & 3 & 1 & N & 5 \\ 3 & 8 & 1 & 4 & 6 & 4 \end{bmatrix}$$

图 2-11　矩阵分块

将矩阵分块后得到子矩阵组，对它们做矩阵乘法，如下式所示。

$$\begin{bmatrix} E & F \\ J & K \end{bmatrix} \begin{bmatrix} G & H \\ M & N \end{bmatrix} = \begin{bmatrix} EG+FM & EH+FN \\ JG+KM & JH+KN \end{bmatrix}$$

深度学习程序是计算密集型的，在设计代码时往往需要考虑较多细节，以取得最佳性能，减小不必要的资源消耗。在卷积神经网络的运算过程中，使用广义矩阵乘法（GEMM）计算卷积是早期深度学习框架的一个普遍做法，虽然有些新计算方式有后来居上的势头，但是广义矩阵乘法仍然是非常重要的基础知识。

## 2.7　行列式

行列式是指经过变换后的向量所构成的图形的面积，与标准平面直角坐标系的基向量所构成的单位面积的比值，用 det 表示，例如二维矩阵 $A$ 的向量对应的行列式表示为 $\det(A)$。显然，在标准平面直角坐标系中，单位面积是 1，其他矩阵的向量构成的图形的面积是单位面积 1 的倍数，也就是结果数值本身。如下所示的矩阵的行列式结果表示为了 $e$。

$$\det(\begin{bmatrix} a & b \\ c & d \end{bmatrix}) = e$$

假设有如下矩阵：

$$A = \begin{bmatrix} 1 & 0 \\ 0 & 1 \end{bmatrix}$$

矩阵的长宽都是单位长度 1，在坐标系中的表示如图 2-12 所示。

所以我们能以如下方式来表示该矩阵：

$$\det(A) = 1$$

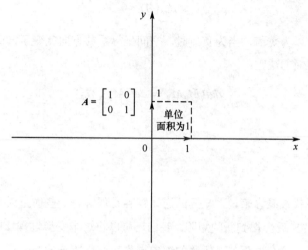

图 2-12　长宽都是 1 的矩阵

现在来看另一个例子，假设有矩阵：

$$A = \begin{bmatrix} 3 & 0 \\ 0 & 2 \end{bmatrix}$$

矩阵的长度为 3，宽度为 2，在坐标系中的表示如图 2-13 所示：

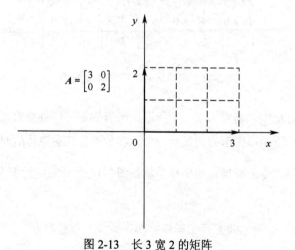

图 2-13　长 3 宽 2 的矩阵

我们可以以如下方式表示该矩阵：

$$det(A) = 6$$

此外，行列式可以为负值，当为负值时，空间坐标系的方向就变了，简单讲就是坐标系翻转了。行列式符合下面的法则：

$$det(M_1M_2) = det(M_1)(M_2)$$

## 2.8 矩阵的逆

相对于其他线性代数概念来说，矩阵的逆比较容易理解。一些向量或者矩阵经过某个矩阵（例如矩阵 $A$）线性变换后会得到新的矩阵。我们还可以将这个变换过程反向进行一遍，将结果矩阵变回原来的样子，这个过程就是矩阵的逆向操作，简称矩阵的逆。这个反向变换过程中用到的矩阵称为逆矩阵，例如 $A$ 的逆矩阵表示为 $A^{-1}$。

图 2-14 中的向量 $x$ 通过矩阵 $A$ 做变换后，得到向量 $v$，如果将 $v$ 通过 $A^{-1}$ 还原回去，就会得到向量 $x$，用式子表示就是 $x = A^{-1} \cdot v$。

$$\begin{matrix} 2x+5y+3z=-3 \\ 4x+0y+8z=0 \\ 1x+3y+0z=2 \end{matrix} \rightarrow \begin{bmatrix} 2 & 5 & 3 \\ 4 & 0 & 8 \\ 1 & 3 & 0 \end{bmatrix} \begin{bmatrix} x \\ y \\ z \end{bmatrix} = \begin{bmatrix} -3 \\ 0 \\ 2 \end{bmatrix}$$

图 2-14 向量 $x$ 通过矩阵 $A$ 做变换

在探讨逆矩阵的过程中，需要思考一个问题：所有的矩阵线性变换都能逆向操作吗？图形是最便于理解的工具，下面以图形为例说明一个矩阵是否存在逆矩阵的问题。

首先用一个矩阵对二维的标准直角坐标系做如图 2-15 所示的线性变换，该变换就是让两个坐标轴向彼此靠近。

经过某矩阵的线性变换，$x$ 和 $y$ 两个坐标轴逐步接近，最终合并为一个坐标轴，如图 2-16 所示。

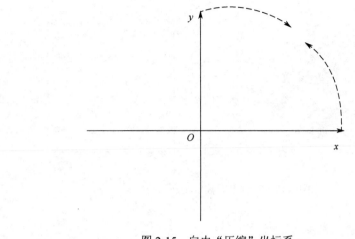

图 2-15　向内"压缩"坐标系

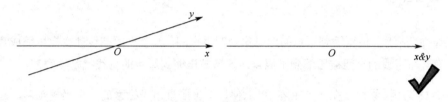

图 2-16　两个坐标轴逐步靠近直到合并的过程

在图 2-16 中,左图中的线性变换结果完全可以恢复为标准平面直角坐标系,但是如果两个坐标轴在线性变换后合并了,一个二维空间变换为了一维空间,像右图所示那样,这时就无法分离出 $x$ 轴和 $y$ 轴了。当合并为一个坐标轴后,$\det(A)$ 等于 0,意味着空间已经被压缩到丢失维度的程度了,而丢失的维度是无法复原的。

因此,不管 $A$ 能做出多么奇特的变换,只要保持原有空间的维度,就可以还原如初,就存在 $A$ 的逆矩阵。但是如果丢失了维度,就不再可逆了。

## 2.9　秩

在 2.8 节中,一个二维空间经过线性变换,最终变为了只有一维的空间,维数发生了改变。秩就是矩阵经过线性变换后的空间维数。如果 $n$ 维矩阵变换后还是 $n$ 维空间,则称为满秩。三维空间经过线性变换后,如果得到一条一维的直线,秩就是 1;如果得到二维平面,秩就是 2,如图 2-17 所示。

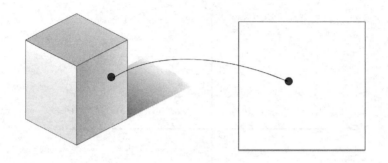

图 2-17　三维空间被压缩到二维平面

## 2.10　零空间

经过线性变换后，被压缩到原点的向量集合叫零空间。一个平面被线性变换压缩成直线后，原平面中有一条直线的空间被压缩到了原点，这条被压缩到原点的直线就是零空间。

以图 2-18 为例，假设存在一个矩阵，可以使标准平面直角坐标系的两个坐标轴向一起靠拢，在较大夹角的开口处，向量会集体向两侧倾斜。但是正中间的"法线"不属于任何一侧，当两个坐标轴合并在一起时，"法线"上的所有向量就会被集体"拽"到原点。这条直线上的向量空间就是零空间。

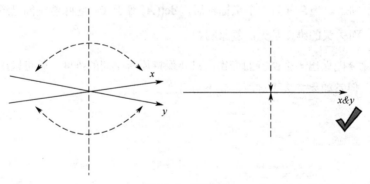

图 2-18　零空间

以公式来表达图 2-18，如下所示，所有可以被矩阵 $A$ 变换压缩到原点的向量 $x$ 的集合，组成了零空间。

$$A \cdot x = \begin{bmatrix} 0 \\ 0 \\ \vdots \end{bmatrix}$$

利用零空间的概念可以求解线性方程组。在上式中，如果向量 $x$ 不在零空间内，那么等式不成立，方程一定无解。反之，如果向量 $x$ 能促成等式成立，那么就可能是方程的一个解。

## 2.11 点积和叉积的几何表示与含义

### 2.11.1 点积的几何意义

向量 $v$ 和 $j$ 点积，几何意义就是向量 $v$ 在向量 $j$ 上的投影长度（如图 2-19 中较短的大括号中标出来的部分）乘以 $j$ 的长度（如图 2-19 中较长的大括号中标出来的部分），是标量。

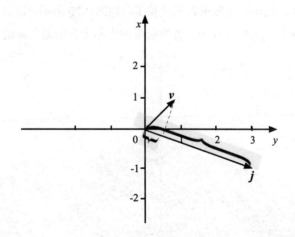

图 2-19　点积的几何意义

相反地，向量 $j$ 和 $v$ 的点积，几何意义就是 $j$ 在 $v$ 上的投影长度，乘以 $v$ 的长度。

下式是两个四维向量的点积，即向量 $\begin{bmatrix} 6 \\ 2 \\ 8 \\ 3 \end{bmatrix}$ 和 $\begin{bmatrix} 1 \\ 8 \\ 5 \\ 3 \end{bmatrix}$ 的点积：

$$\begin{bmatrix}6\\2\\8\\3\end{bmatrix} \cdot \begin{bmatrix}1\\8\\5\\3\end{bmatrix} = 6\cdot1+2\cdot8+8\cdot5+3\cdot3$$

点积虽然是非常基本的运算,但是在深度学习预测过程中经常用到。一些性能优化的关键就是提升点积的性能。

### 2.11.2 叉积的几何意义

两个向量进行叉积,其结果是一个向量。可以从以下两点来理解叉积的结果向量的几何意义:

- 长度等于以这两个向量为临边的平行四边形的面积。
- 方向和上述平行四边形平面垂直,具体朝向需要用右手定则判断。

长度和方向都有了,就可以用图形表示叉积了,如图 2-20 所示,以原点为起始点的两个向量做叉积,其结果向量是穿过原点且和二者所组成的平面垂直的那个向量。

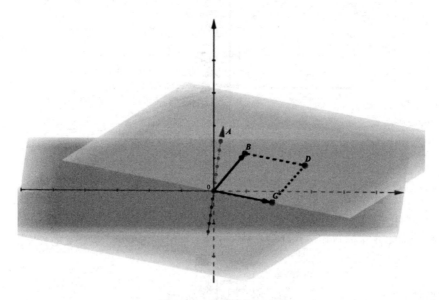

图 2-20 叉积的几何意义

## 2.12 线性代数的特征概念

如果向量经过矩阵线性变换后保持方向不变,该向量就是特征向量,且变换后的向量的长度与原向量长度的比值就是特征值。零空间和特征值是紧密联系的。用公式表示特征值如下所示,矩阵 $A$ 和 $\lambda$ 对向量 $v$ 的作用完全相同,这表明向量 $v$ 就是矩阵 $A$ 的特征向量,$\lambda$ 是特征值:

$$Av = \lambda v$$

如图 2-21 所示,如果向量 $B$ 经过线性变换后得到了相同方向的向量 $C$,那么向量 $B$ 就是特征向量,变换前后的向量长度比值就是特征值。

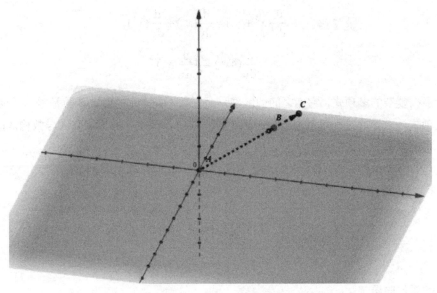

图 2-21　特征几何表示

如果 $\lambda$ 大于 1,就意味着所有维度都放大 $\lambda$ 倍,这样才不会变形。例如,矩阵 $\begin{bmatrix} \lambda & 0 \\ 0 & \lambda \end{bmatrix}$ 正是一组由单位矩阵 $\begin{bmatrix} 1 & 0 \\ 0 & 1 \end{bmatrix}$ 缩放 $\lambda$ 倍得到的基。

## 2.13 抽象向量空间

只要符合线性特点，就可以使用线性代数思维解决问题。

下面第一个式子表示合并整体与分开计算具有相同的效果，这说明线性变换具有可加性。从第二个式子可以看出，改变一个大向量，和改变一个小向量再倍乘，具有相同的效果，说明线性变换有比例性。

$$L(v+w) = L(v) + L(w)$$

$$L(cv) = cL(v)$$

符合可加性和比例性两点的运算就是线性运算。求导数也是如此，比如：

$$\frac{d}{dx}(x^3 + x^2) = \frac{d}{dx}(x^3) + \frac{d}{dx}(x^2)$$

$$\frac{d}{dx}(4x^3) = 4\frac{d}{dx}(x^3)$$

不管多么复杂的多项式，它们之间的区别只是系数不同（有的位置系数是零）。导数函数本身也是多项式，求导的过程可以理解为：源函数系数向量经过基导数矩阵（导数构成的矩阵）的变换，得到导数多项式的系数向量，如下面所示的 $f$ 系列。

$$f_0(x) = x^0$$

$$f_1(x) = x^1$$

$$f_2(x) = x^2$$

$$\ldots$$

**将系数看作向量**

假设 $f$ 系列依次递增到无穷，那么任何一个多项式都可以看作函数 $f$ 系列的一个线性组合。如多项式 $4x^4 + 5x^3 + 2x^2 + 7x + 3$ 的系数可以看作向量 $\begin{bmatrix} 3 \\ 7 \\ 2 \\ 5 \\ 4 \\ \vdots \end{bmatrix}$，被省略的系数都是 0。多项式

$5x^3+7x+3$ 的系数则可以看作 $\begin{bmatrix} 3 \\ 7 \\ 0 \\ 5 \\ \vdots \end{bmatrix}$。

**导数多项式线性空间的基向量**

在标准的平面直角坐标系中，我们选择的基向量是 $\begin{bmatrix} 1 & 0 \\ 0 & 1 \end{bmatrix}$。在导数函数的多项式中，基的选取一定是以 $f$ 系列函数为基础的，因为它最简单，以此得到的导数矩阵的一组基是：

$$\begin{bmatrix} 0 & 1 & 0 & 0 & 0 & 0 & \cdots \\ 0 & 0 & 2 & 0 & 0 & 0 & \cdots \\ 0 & 0 & 0 & 3 & 0 & 0 & \cdots \\ 0 & 0 & 0 & 0 & 4 & 0 & \cdots \\ 0 & 0 & 0 & 0 & 0 & 5 & \cdots \\ \vdots & \vdots & \vdots & \vdots & \vdots & \vdots & \cdots \end{bmatrix}$$

多项式 $4x^4+5x^3+2x^2+7x+3$ 的系数向量和上面导数矩阵做乘法，这个过程就是多项式的求导过程，如下式所示。

$$\begin{bmatrix} 0 & 1 & 0 & 0 & 0 & 0 & \cdots \\ 0 & 0 & 2 & 0 & 0 & 0 & \cdots \\ 0 & 0 & 0 & 3 & 0 & 0 & \cdots \\ 0 & 0 & 0 & 0 & 4 & 0 & \cdots \\ 0 & 0 & 0 & 0 & 0 & 5 & \cdots \\ \vdots & \vdots & \vdots & \vdots & \vdots & \vdots & \cdots \end{bmatrix} \begin{bmatrix} 3 \\ 7 \\ 2 \\ 5 \\ 4 \\ \vdots \end{bmatrix} = \begin{bmatrix} 3 \\ 14 \\ 6 \\ 20 \\ 20 \\ \vdots \end{bmatrix}$$

# 第 3 章
# 什么是机器学习和卷积神经网络

前两章介绍了机器学习的基础知识，本章正式开始介绍移动端相关的机器学习。

机器学习属于人工智能的一个分支，顾名思义，机器学习研究的是如何让机器具备学习的能力。要使机器像人类一样有效地学习并逐步改进自身，就要有一个高效的神经网络框架，在制定学习目标后开始学习。在学习的过程中，机器不断地自我调整，直到工程师觉得它足够可靠。

近些年机器学习已发展为一门跨领域交叉学科，涉及线性代数、概率论、统计学、逼近论、凸分析、计算复杂性理论等多门学科。本章重点介绍机器学习的一些基本概念和卷积神经网络，理解这些概念可以帮助你从全局理解机器学习。

## 3.1 移动端机器学习的全过程

第 1 章介绍了一些在移动端应用深度学习技术的例子。深度学习建立在机器学习的基础之上，机器学习的过程主要分为两个阶段：学习（训练）和预测。和人类一样，机器也是先学会知识，然后再应用知识。

训练过程所训练的是函数的内部参数，一直训练到预测效果足够好。**预测的过程从本质上讲就是一组函数调用过程**，给函数一个输入，得到一个输出。进一步细化这些过程，可以分为如下几步（如图 3-1 所示）：

1. 首先要有一些基础数据。比如，告诉系统这张图片的内容是一个猴子，另外一张图片的内容是猫。这些数据被称为训练数据。

2. 将训练数据提供给机器学习框架进行训练，数据经过训练后会得到一个模型，也就是函数内部参数。

3. 函数将模型数据作为内部参数加载后，就可以将外部函数传递给该函数，并由该函数返回结果。

目前，机器学习技术在移动端的应用主要是预测，极少有在移动端进行训练的案例。一些厂商在 SoC（系统级芯片）中嵌入了神经网络专用芯片，这为将来使用嵌入式设备训练模型提供了可能，不过短时间内大规模使用嵌入式设备进行训练的可能性很小。因此，本书主要关注在移动端嵌入式设备上利用机器学习技术进行预测的过程，以及其中的技术细节。

图 3-1　预测的全过程

## 3.2　预测过程

预测过程是对一组函数的调用过程，也可以将这一组函数看作一个复杂的函数。可以通过图 3-2 来理解，假设机器学习预测过程的函数是 $f$，给定一个内容为猴子的图片，作为参数传递到机器学习预测函数中，输出内容为文本形式的"猴子"；给这个预测函数传入一个内容为数字 9 的图片，输出内容为基本类型的数字"9"；给这个预测函数传入一组音频数据，内容是音频形式的"你好"，输出内容为文本形式的"你好"。

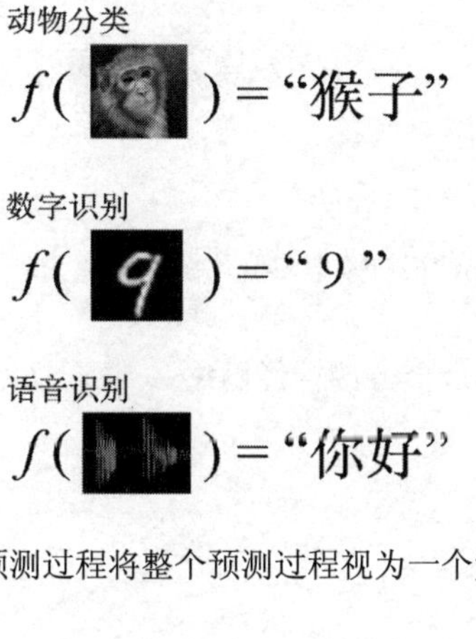

图 3-2　机器学习的预测过程将整个预测过程视为一个复杂的函数调用过程

下面通过机器学习应用在计算机视觉方向的例子来看输入和输出。机器学习最常见的入门例子就是识别手写数字。输入数据是一张内容为手写数字的图片，经过运算得出图片中的数字是几，如图3-3所示。

图3-3　机器学习识别手写数字

如图3-4所示，从左边的粗线框中能看到，这张图片的内容是手写数字2。输入的图片数据本质上是一组数字，如果一张黑白图片有256（即16×16）个像素，就等价于输入的数据是256个数字。如果是彩色图片，则有三组这样的数字（RGB三个通道的数字）。

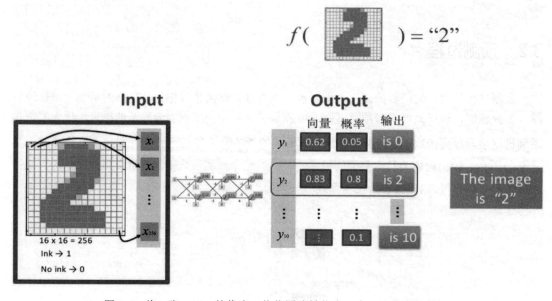

图3-4　将一张16×16的像素二值化图片转化为一个256长度的数组

图3-5的粗线框中的部分就是全链接神经网络，一张16×16像素的图片被输入神经网络中进行计算，最后输出数字2。

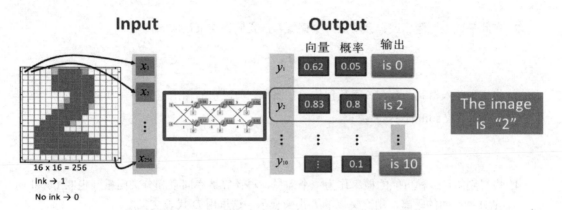

图 3-5　经过中间的全链接神经网络处理得到输出向量

## 3.3　数学表达

3.2 节以图形的方式展示了一个完整的机器学习分类预测过程，图形的方式比较便于理解。在此基础上，我们再来看这个数字分类预测例子的数学表达，你会发现数学公式并不可怕。

如果你对线性代数的知识还不熟悉，请参阅第 2 章，那一章以通俗易懂的方式介绍了线性代数的基本概念和方法，和一些直接讲授行列式的大学课程完全不同，这是为了防止部分读者出现"数学恐惧症"。

### 3.3.1　预测过程涉及的数学公式

预测过程如图 3-6 所示，运算流程如下。

1. 将图 3-6 的输入数据视为向量分量 $x_i$，其中 $i$ 的取值范围是 1~256。神经网络的核心运算过程实际上是图 3-6 左侧所示的矩阵和向量的乘法。

将图 3-6 左侧的图片转化为一维数组或者说 256 维向量，神经网络中每条连线就是一个权重，权重集合用矩阵 $W$ 表示，其与向量相乘表示如下：

$$Wx$$

2. 在此基础上，运算过程会增加一个偏置 $b$，我们将结果记成 $y$。

$$Wx+b=y$$

3. 将结果传入概率函数。该函数预估的是概率，所以它的输出值大小在 0 和 1 之间。这里用 $S$ 代表概率函数 softmax：

$$S(y)$$

4. 将得到的每一种可能的概率作为一个向量，再计算概率向量和分类向量（也叫 Label 向量，$L_i$ 是分量）间的距离，用交叉熵的方式来表示，这里用 $D$ 代表交叉熵：

$$D(S(y), L_i)$$

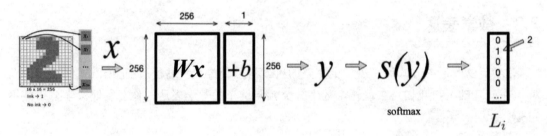

图 3-6　预测过程的运算流程

总结一下，机器学习的训练过程包括：训练出 $W$ 和 $b$ 的具体数据，然后用 softmax 函数转换成概率，再用交叉熵确定概率向量和 Label 向量之间的距离，距离越小，说明输入数据越接近标记数据。

### 3.3.2　训练过程涉及的数学公式

训练过程会根据大量预测的结果反向调整 $W$ 和 $b$ 的参数，直到我们认为它的表现足够优秀。常用的公式有平均交叉熵，如下式：

$$L = \frac{1}{N} \sum_{i=1}^{256} D(S(Wx_i + b), L_i)$$

机器学习的训练过程不是本书讨论的重点，这里仅做简要说明。上面介绍的只是监督学习中的一种预测过程，常见的预测过程还包括如下几种。

- 监督学习需要提前给定标注数据，如前述的数字分类。监督学习的训练集要求包括输入和输出。在训练过程中需要向训练框架提供大量的已经标注好的数据，如图3-7所示：

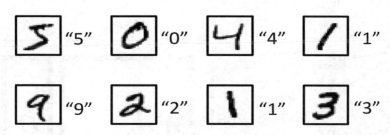

图3-7　提供已经标注好的数据

- 无监督学习不要求训练集含有人工标注结果数据，如生成式对抗网络（GAN）就是一种无监督学习。
- 还有介于监督学习与无监督学习之间的半监督学习。

和机器学习相关的词汇还有很多，比较重要的两个概念就是下面要介绍的：神经网络和卷积神经网络。

## 3.4　神经元和神经网络

前面列举了对内容为手写数字的图片进行预测的过程，比较容易理解，下面进一步了解一下那些听起来高深莫测的概念（例如神经网络、神经元），你会发现其实它们并不复杂。

常见的神经网络可分为前馈神经网络（Feed Forward Network）和递归神经网络（Recurrent Network）。对手写数字图片进行分类，利用的就是典型的前馈神经网络，数据从输入到输出逐层地单向传播。而递归神经网络的内部存在有向环。

### 3.4.1　神经元

人类的多个神经元是处于连接状态的，信息从一端输入，从另一端输出，要经过神经元的输入和输出结构。在计算机中进行神经网络运算时，其实也有可以类比人类神经元的输入和输出结构。开始运算时，我们要先给定一个输入范围值，根据自身设定的运算逻辑进行运算，最终给出一个输出值。

在计算向量和矩阵的乘法时，将矩阵 $W$ 的每列分开，即可以得到图 3-8 中的 $w_1$ 部分。

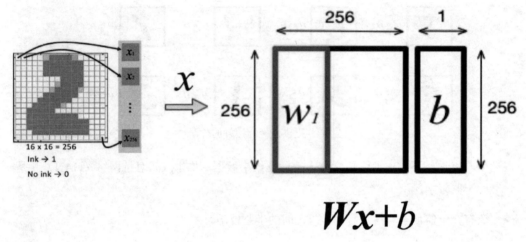

图 3-8　将矩阵 $W$ 的每列分开

可以将数学表达中的向量和矩阵乘法看作向量和矩阵逐列相乘，即 $w_1x$，随后输出数据作为激活函数的输入继续计算（激活函数（Activation Function）是在神经元上运行的函数，负责将神经元的输入映射到输出端，激活函数能够扩展线性神经网络的非线性处理能力），如图 3-9 所示。

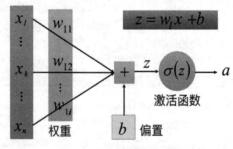

图 3-9　权重与激活函数

### 3.4.2 神经网络

$W$ 中的一列和输入向量 $x$ 做乘法的过程,就是一个神经元接收信号并经过激活函数处理的过程。如果将大量的神经元连接起来,就会形成一个像人类神经元一样的神经元网络。经过连接组合以后,一个强大的前馈神经网络就被呈现出来了,如图 3-10 所示。

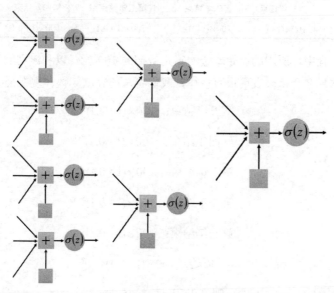

图 3-10 神经元组合后的效果图

## 3.5 卷积神经网络

前面介绍了机器学习和神经网络的相关概念。示例中的网络结构是比较初级的神经网络结构,和手机或嵌入式设备上实际运行的神经网络仍然有一些差别。前述神经网络结构称为全连接层,属于深度学习网络中的一部分。在嵌入式设备上运行的神经网络结构中,一般会有卷积、池化、归一化等运算,这些运算完成后得到的输出结果会作为输入被传入全连接层。

本节将介绍现在最热门的深度学习神经网络结构——卷积神经网络,并通过一个生活中的例子来理解"卷积"的含义。理解卷积的作用和原理将有助于我们理解整个神经网络,也是实现高性能的嵌入式系统深度学习框架所必需的。

假设银行存款利率是 10%，现在我将 100 元钱存入银行。每年取出全部利息和本金，一起作为本金存入银行。比如，第一年本金是 100 元，第二年的本金将是 110 元，第三年的本金将是 121 元，以此类推。可以用一个表格来表示每年到期后所获得的本息之和，也就是下一年的本金，如表 3-1 所示：

表 3-1 每年结束后的本息之和

|  | 原始 | 第一年结束 | 第二年结束 | 第三年结束 | 第四年结束 | 第五年结束 |
|---|---|---|---|---|---|---|
| 金额（元） | 100 | $100\times(1+0.1)^1$ | $100\times(1+0.1)^2$ | $100\times(1+0.1)^3$ | $100\times(1+0.1)^4$ | $100\times(1+0.1)^5$ |

在整个存款过程中，所用的原始本金一直是最初的 100 元，以利滚利的方式存入银行。观察每年结束时的本息之和，会发现很有规律，我们将总的存款年数体现在公式中，可以写为：

第五年结束：$100\times(1+0.1)^{5-0}$

第四年结束：$100\times(1+0.1)^{5-1}$

第三年结束：$100\times(1+0.1)^{5-2}$

第二年结束：$100\times(1+0.1)^{5-3}$

第一年结束：$100\times(1+0.1)^{5-4}$

原始：$100\times(1+0.1)^{5-5}$

若 $f(i)=100$，$g(5-i)=(1.1)^{5-i}$，则可以用 $f(i)\cdot g(5-i)$ 表示第 $5-i$ 年结束时所得到的本息之和。

如果每年追加 100 元本金，作为一条单独的存款记录来管理，那么会出现多个存款条目，如表 3-2 所示。

表 3-2 每年追加 100 元本金的多个存款条目

|  | 原始 | 第一年结束 | 第二年结束 | 第三年结束 | 第四年结束 | 第五年结束 |
|---|---|---|---|---|---|---|
| 金额（元） | 100 | $100\times(1+0.1)^1$ | $100\times(1+0.1)^2$ | $100\times(1+0.1)^3$ | $100\times(1+0.1)^4$ | $100\times(1+0.1)^5$ |
|  |  | 100 | $100\times(1+0.1)^1$ | $100\times(1+0.1)^2$ | $100\times(1+0.1)^3$ | $100\times(1+0.1)^4$ |
|  |  |  | 100 | $100\times(1+0.1)^1$ | $100\times(1+0.1)^2$ | $100\times(1+0.1)^3$ |
|  |  |  |  | 100 | $100\times(1+0.1)^1$ | $100\times(1+0.1)^2$ |
|  |  |  |  |  | 100 | $100\times(1+0.1)^1$ |
|  |  |  |  |  |  | 100 |

用统一的公式来表示：已知 $f(i) \cdot g(5-i)$ 可以表示只有一个存款条目时，每一年能够得到的全部本息；当有多个条目时，总的本息就是多个条目的本息累加，可以得出表 3-3。

表 3-3 多个存款条目的复利累加计算

| | 原始 $f(i) \cdot g(0)$ | 第一年结束： $\sum_{i=0}^{1} f(i) \cdot g(1-i)$ | 第二年结束： $\sum_{i=0}^{2} f(i) \cdot g(2-i)$ | 第三年结束： $\sum_{i=0}^{3} f(i) \cdot g(3-i)$ | 第四年结束： $\sum_{i=0}^{4} f(i) \cdot g(4-i)$ | 第五年结束： $\sum_{i=0}^{5} f(i) \cdot g(5-i)$ |
|---|---|---|---|---|---|---|
| 金额（元） | 100 | $100 \times (1+0.1)^1 +$ 100 | $100 \times (1+0.1)^2 +$ $100 \times (1+0.1)^1 +$ 100 | $100 \times (1+0.1)^3 +$ $100 \times (1+0.1)^2 +$ $100 \times (1+0.1)^1 +$ 100 | $100 \times (1+0.1)^4 +$ $100 \times (1+0.1)^3 +$ $100 \times (1+0.1)^2 +$ $100 \times (1+0.1)^1 +$ 100 | $100 \times (1+0.1)^5 +$ $100 \times (1+0.1)^4 +$ $100 \times (1+0.1)^3 +$ $100 \times (1+0.1)^2 +$ $100 \times (1+0.1)^1 +$ 100 |

在每一年结束时得到的全部本息，就是**函数 $f$ 和函数 $g$ 的卷积**。卷积表达的意义就是多个运算的叠加。

## 3.6 图像卷积效果

### 3.6.1 从全局了解视觉相关的神经网络

卷积在计算机视觉领域的应用最广泛。卷积和池化起到了大幅减少输入数据量和提取关键特征的作用。在和图像相关的卷积神经网络中，会有大量的卷积运算。一些常见的卷积神经网络结构中的卷积运算量占全部神经网络运算量的 90% 以上。在进入全连接层之前，一般会重复多次卷积（Convolution）和池化（Pooling）等操作，池化的概念会在 3.9 节中讲到。现在先从全局来了解输入数据被多次卷积和池化的过程，如图 3-11 所示。

在经过图 3-11 所示的流程处理后，得到的输出结果就可以作为下一个环节的输入，即全连接层的输入，如图 3-12 所示。

若将图 3-11 和图 3-12 拼接起来，就可以看到完整的一个神经网络。

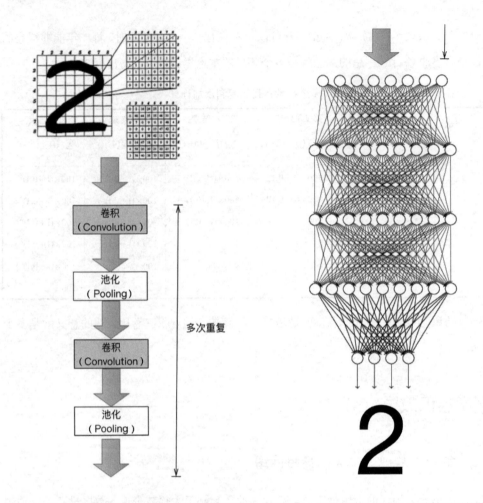

图 3-11　卷积神经网络进入全连接层前的数据流转　　图 3-12　卷积神经网络进入全连接层后的数据流转

## 3.6.2　卷积核和矩阵乘法的关系

　　计算机视觉中的图像卷积过程如图 3-13 所示，每个方格的右下角都有一个数字，一共有 9 个数字，这 9 个数字被称为**卷积核**。每个数字分别乘以方格中心的数字后再相加，就得到了一个数字，也就是一个卷积特征。这样的一次乘法和加法（简称乘加）运算是一次最基本的卷积运算。

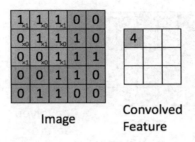

图 3-13　图像卷积过程示意

这一次乘加运算也可以视为两个向量的乘积。如下式所示，右边的向量是卷积核向量，左边是背景图像里的 9 个数字组成的向量。

$$[1\ 1\ 1\ 0\ 1\ 1\ 0\ 0\ 1] \cdot \begin{bmatrix} 1 \\ 0 \\ 1 \\ 0 \\ 1 \\ 0 \\ 1 \\ 0 \\ 1 \end{bmatrix} = 4$$

完成第一个运算后，将卷积核向右移动一列，继续和背景图像里的数字做乘加运算，如下式和图 3-14 所示。每次运算后，都继续向右移动，完成一行后将卷积核向下移动一行，并从最左边的列开始继续运算。这样的叠加效果是卷积的另一种物理意义，卷积也是计算机视觉领域中的常见运算。

$$[1\ 1\ 0\ 1\ 1\ 1\ 0\ 1\ 1] \cdot \begin{bmatrix} 1 \\ 0 \\ 1 \\ 0 \\ 1 \\ 0 \\ 1 \\ 0 \\ 1 \end{bmatrix} = 3$$

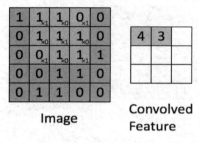

图 3-14　卷积核右移一格

将上述两步运算合并到一起，就可以视为一个 2×9 的矩阵和一个 9 维向量相乘，得到一个二维向量。

$$\begin{bmatrix} 1 & 1 & 1 & 0 & 1 & 1 & 0 & 0 & 1 \\ 1 & 1 & 0 & 1 & 1 & 1 & 0 & 1 & 1 \end{bmatrix} \cdot \begin{bmatrix} 1 \\ 0 \\ 1 \\ 0 \\ 1 \\ 0 \\ 1 \\ 0 \\ 1 \end{bmatrix} = \begin{bmatrix} 4 \\ 3 \end{bmatrix}$$

上述 3×3 卷积核以每次一格的步长移动，在 5×5 的图片（实践中的图片要比这大得多）上做卷积，左右上下一共可以移动 9 次，完成移动后卷积核的位置如图 3-15 左图所示，用式子表示如下。

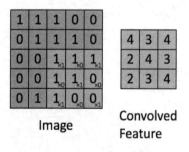

图 3-15　卷积核完成所有移动

$$\begin{bmatrix} 1 & 1 & 1 & 0 & 1 & 1 & 0 & 0 & 1 \\ 1 & 1 & 0 & 1 & 1 & 1 & 0 & 1 & 1 \\ 1 & 0 & 0 & 1 & 1 & 0 & 1 & 1 & 1 \\ 0 & 1 & 1 & 0 & 0 & 1 & 0 & 0 & 1 \\ 1 & 1 & 1 & 0 & 1 & 1 & 0 & 1 & 1 \\ 1 & 1 & 0 & 1 & 1 & 1 & 1 & 1 & 0 \\ 0 & 0 & 1 & 0 & 0 & 1 & 0 & 1 & 1 \\ 0 & 1 & 1 & 0 & 1 & 1 & 1 & 1 & 0 \\ 1 & 1 & 1 & 1 & 1 & 0 & 1 & 0 & 0 \end{bmatrix} \cdot \begin{bmatrix} 1 \\ 0 \\ 1 \\ 0 \\ 1 \\ 0 \\ 1 \\ 0 \\ 1 \end{bmatrix} = \begin{bmatrix} 4 \\ 3 \\ 4 \\ 2 \\ 4 \\ 3 \\ 2 \\ 3 \\ 4 \end{bmatrix}$$

### 3.6.3 多通道卷积核的应用

3.6.2 节中所展示的卷积核和输入数据都是最简单的形式。在实际应用中，输入的图片数据往往是彩色的，一个彩色图片的像素由三种颜色值组成，也就是常说的 R、G、B，分别对应红、绿、蓝三个**通道**（channel，一般简写为 C），尺寸同样是 5×5 的图片，其像素将变成 5×15。卷积核的向量维数同样也要随之增加，变成 27（9×3）维的向量。

输入的图片存在多通道情况，卷积核也同样存在多通道卷积核，比如某个卷积核只针对红色通道做卷积。卷积核的高（height）和宽（width）一般简写为 H 和 W。另外，除了多通道，还要考虑多个卷积核的情况，一般将卷积核的数量记为 N。

将多通道卷积核相关概念的英语单词首字母组合在一起，可以简写为 NCHW 或者 NHWC，这两种写法代表两种不同的数据排列方式，如图 3-16 所示。N 表示有几张图片或者几个卷积核；H 表示图像或者卷积核的高；W 表示图像或者卷积核的宽；C 表示通道数，黑白图像的 C 为 1，RGB 图像的 C 为 3。在 NCHW 写法中，C 在外层，每个通道内的数据以 "RRRRRRGGGGGGBBBBBB" 格式排列；在 NHWC 写法中，每个通道内的数据以 "RGBRGBRGBRGBRGBRGB" 格式排列。

图 3-16 两种不同的数据排列方式

NCHW 和 NHWC 两种写法不仅可以用来表现图片数据的存储排列方式，也可以用来表示卷积核的参数在模型内的排列方式。在常用的 TensorFlow 等框架中，一般都可以在两种方式间自由转换。

## 3.7 卷积后的图片效果

前面提到过，卷积神经网络应用最广泛的领域是计算机视觉，也从两种物理意义的角度解释了卷积，以及卷积和矩阵乘法的转化方式。现在一起来看一些更有趣味性的内容——卷积后的图片是什么样子的。

为了能快速查看卷积后的效果图，可以在 IDE 中编写一些 Python 脚本来查看。笔者使用 PyCharm 作为开发工具，使用 anaconda 作为 Python 包管理工具。

PyCharm 和 anaconda 的安装比较简单，下载后直接安装即可，这里不再赘述，假设你已经安装好了 PyCharm 和 anaconda。

进入 PyCharm 的设置页面，如图 3-17 所示。

图 3-17　PyCharm 的设置页面

通过搜索框找到 Project Interpreter 选项，选择 Show All...选项，如图 3-18 所示。

点击加号进入添加页面，如图 3-19 所示。

第 3 章 什么是机器学习和卷积神经网络

图 3-18 选择 Show All…选项

图 3-19 进入添加页面

勾选 Existing environment 选项后再进行添加操作，如图 3-20 所示。

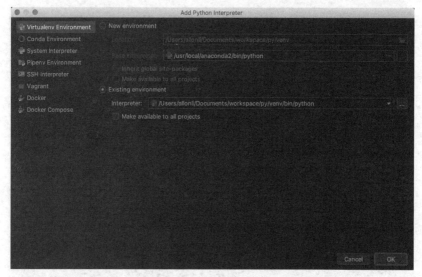

图 3-20　勾选 Existing environment 选项

完成上述操作后，现在用下面代码对一张图片运行一次卷积操作。

```
# -*- coding: utf-8 -*

import matplotlib.pyplot as plt
import pylab
import numpy as np


def conv(img, conv_kernel):
    '''
    :param img: 输入图片
    :param conv_kernel: 卷积核
    :return: 返回卷积后的结果
    '''
    blue = _conv(img[:, :, 0], conv_kernel)
    green = _conv(img[:, :, 1], conv_kernel)
    red = _conv(img[:, :, 2], conv_kernel)
    return np.dstack([blue, green, red])  # 通道合并,返回


def _conv(img, conv_kernel):
    '''
    :param img: 输入图片
```

```python
    :param conv_kernel: 卷积核
    :return:
    '''
    kernel_height = conv_kernel.shape[0]  # 卷积核的高度
    kernel_width = conv_kernel.shape[1]   # 卷积核的宽度

    conv_height = img.shape[0] - conv_kernel.shape[0] + 1  # 卷积结果的大小
    conv_width = img.shape[1] - conv_kernel.shape[1] + 1

    conv = np.zeros((conv_height, conv_width), dtype='uint8')

    for i in range(conv_height):
        for j in range(conv_width):  # 乘加得到每一个点
            conv[i][j] = wise_element_sum(img[i:i + kernel_height, j:j + kernel_width], conv_kernel)
    return conv


def wise_element_sum(img, conv_kernel):
    '''乘加
    :param img:
    :param conv_kernel:
    :return:
    '''
    return (img * conv_kernel).sum()


img = plt.imread("test.jpg")   # 在这里读取图片

plt.imshow(img)   # 输入图片
pylab.show()

kernel = np.array([[1, 0, 1],   # 卷积核
                   [0, 1, 0],
                   [1, 0, 1]])

res = conv(img, kernel)

plt.imshow(res)   # 显示卷积后的图片
pylab.show()
```

原图效果如图 3-21 所示：

图 3-21 原图效果

卷积核为 $\begin{bmatrix} 1 & 0 & 1 \\ 0 & 1 & 0 \\ 1 & 0 & 1 \end{bmatrix}$,对原图进行运算后的效果如图 3-22 所示。

图 3-22 卷积后的效果图

试想如果把卷积核改为 $\begin{bmatrix} 0 & 0 & 0 \\ 0 & 1 & 0 \\ 0 & 0 & 0 \end{bmatrix}$，会发生什么？为什么？

## 3.8 卷积相关的两个重要概念：padding 和 stride

为了便于理解，前面卷积核的例子以最简单的方式呈现了卷积运算过程。在移动端可运行的神经网络中，还有一些其他因素影响着卷积计算的效果和计算量，比较重要的就是 padding 和 stride。

### 3.8.1 让卷积核"出界"：padding

在 3.6.2 节的卷积例子中，卷积核的移动范围并没有越出图片边缘，因此，图片的边缘部分只进行了一次乘加运算，卷积的叠加并不充分。为了让每个像素都进行足够充分的卷积运算，引入一种常见的技巧——padding。

padding 过程就是在图片周围进行补 0 操作，同时让卷积核越出边界，如图 3-23 所示。由于补的数字都是 0，所以并不会影响原图和卷积后的有效数据。对 padding 后的图片再进行卷积，就可以使每一个像素卷积的叠加足够充分。

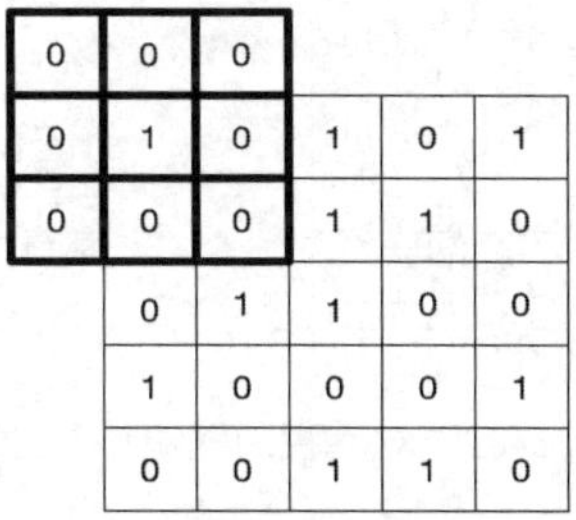

图 3-23　padding 计算过程

### 3.8.2 让卷积核"跳跃"：stride

在前面的例子中，每一次乘加计算后，卷积核都只移动一格。如果卷积核一次移动两格，就会减少运算量,也能调整输出尺寸。为了控制卷积核每次的移动范围,引入 stride(步长)的概念。

图 3-24 所示是当 stride 等于 2 时,卷积核向右一次移动两格的效果图。

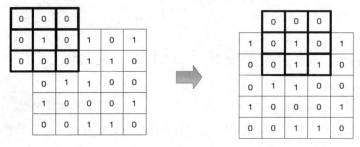

图 3-24  stride 等于 2 的情况

## 3.9  卷积后的降维操作:池化

对图片做卷积处理后,会得到输出特征向量。但是该向量和全连接层的计算量过大,另外也存在过拟合和无法输出定长等问题。为了解决这些问题,一般会对卷积后的输出数据分段选择最大值或者平均值,以得到一个尽可能低维的输出。这个降维过程称为池化,英文名为 pooling。图 3-25 所示是卷积计算后,将卷积的输出进行池化,从而迅速得到了降维的池化输出。

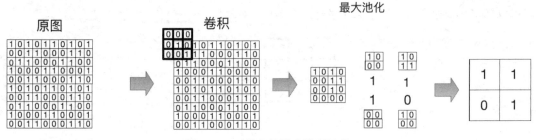

图 3-25  对卷积的输出进行池化

图 3-25 中进行了一系列的操作:原图经过卷积、提取特征,然后池化,最后的输出结果只有 4 维。这样的系列操作在实际应用中是反复多次进行的,考虑到嵌入式设备的计算能力有限,池化操作对于减少嵌入式设备上的神经网络计算量也有一定意义。

了解了神经网络中的卷积和池化算子之后,再来看一下整个神经网络横向摆放并加上卷积、池化的效果图,如图 3-26 所示。

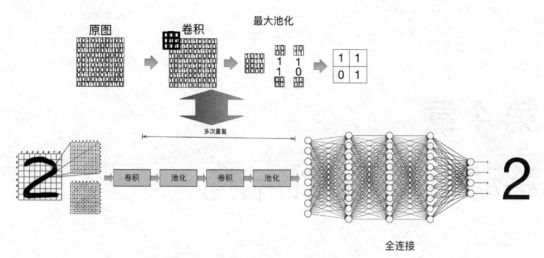

图 3-26 将卷积、池化连接到神经网络

## 3.10 卷积的重要性

在卷积神经网络中,卷积在算法层面对整个网络的特征处理、运算量控制都非常重要。卷积运算的过程会占用整个神经网络运算的绝大部分时间,卷积运算的耗时指标是一个卷积神经网络框架性能的关键指标。在图 3-27 中,第一项是含有卷积的一个融合算子,其中 conv 是卷积的缩写。这个融合算子内的 add、bn、relu 的计算耗时并不多,但加入卷积算子后,整个融合算子的运算时长占到了整个神经网络运算时长的 94%以上。第 7 章将会深入到计算框架内部,研究如何基于 ARM 嵌入式系统的体系结构进行编程,在更深的层面进行性能优化。

```
                   ·              ·
===================[ profile ]=====================
fusion_conv_add_bn_relu 37767712         94.6176
pool2d                  1166146           2.9215
fusion_conv_add          836458           2.0955
feed                     102604           0.2570
softmax                   37500           0.0939
reshape                    4687           0.0117
fetch                      1042           0.0026
total                  39916148         100.0000
===================[---------]=====================
predict cost :40.6132ms
s1 cost :2.8856ms
s2 cost :2.811ms
```

图 3-27 卷积网络的耗时分布

# 第 4 章
# 移动端常见网络结构

移动端设备的运算能力较弱,并不适合运行所有的神经网络结构。2018 年,在笔者的工作环境中使用的神经网络结构主要有:

- MobileNet v1、MobileNet v2、MobileNet + SSD、MobileNet + FSSD
- GoogLeNet v1、GoogLeNet v2、GoogLeNet v3
- YOLO
- SqueezeNet
- ResNet 34、ResNet 32
- AlexNet
- ShuffleNet v2

以上模型在移动端设备上表现出了不同的性能,但是都已经验证可以在大部分应用场景中运行。本章主要介绍移动端设备上常见的几种网络结构,了解它们将有助于了解性能优化。

## 4.1 早期的卷积神经网络

20 世纪 80 年代,LeCun 第一次提出了真正意义上的卷积神经网络,经过改进后的 LeCun 网络被用于手写字符识别任务;后来又出现了 LeNet 网络。这些早期的卷积神经网络被用于人脸检测和识别、字符识别等任务。由于大规模卷积神经网络的运算需要计算设备具有很强的算力,所以在当时的环境下很难快速发展迭代。另外梯度消失问题、训练样本数的限制等问题导致这些早期的网络结构并未被广泛应用。

## 4.2 AlexNet 网络结构

在 2012 年的 ImageNet 竞赛中,AlexNet 网络结构被评为冠军模型,它的出现也让卷积神经网络重新得到关注。与早期的卷积神经网络相比,AlexNet 的层级更深,参数规模更大。同时,AlexNet 引入了新的激活函数 ReLU。AlexNet 网络结构如图 4-1 所示,这个网络有 5 个卷积层,它们中的一部分后面接着 Max pooling 层。ImageNet 图集有 1000 个图像分类,意味着 AlexNet 的最后一层 softmax 层也会输出到 1000 个节点,与 ImageNet 图集的图像分类对应。第 1 个卷积层有 96 组(每组 3 个)11×11 大小的卷积核,卷积操作的步长为 4。每个通道对应 3 个卷积核,具体实现时是用 3 个 2 维的卷积核分别作用在 RGB 通道上,然后将 3 个输出相加。

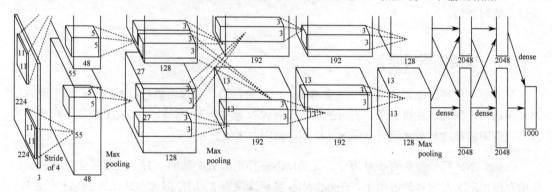

图 4-1 AlexNet 网络结构

## 4.3 GoogLeNet 网络结构

AlexNet 网络结构虽然提升了图像识别准确率,但它毕竟是为服务器端设计的,模型体积和计算量都比较大,对移动端设备不够友好。

2014 年,GoogLeNet 网络结构在 ImageNet 挑战赛(ILSVRC14)中获得了第 名,成功解决了上述两个问题。GoogLeNet 的主要创新是引入了 Inception 机制,即对图像进行多尺度处理。这种机制带来的一个好处是大幅减少了模型的参数量,具体做法是将多个不同尺度的卷积核、池化层进行整合,形成一个 Inception 模块。典型的 Inception 模块结构如图 4-2 所示,该结构将 CNN 中常用的卷积核(1×1、3×3、5×5)、池化操作(3×3)堆叠在一起(卷积、池化后的尺寸相同,将通道相加)。Inception 增加了网络的宽度,也增强了网络局部对尺度的适应能力。

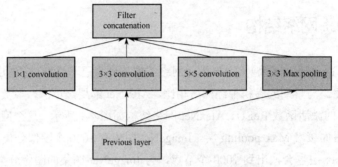

图 4-2　典型的 Inception 模块结构

接下来具体看一下 GoogLeNet 网络结构是如何成功解决 AlexNet 网络结构模型体积和计算量过大的问题的。

### 4.3.1　模型体积问题

移动端存储容量上限明显小于服务器端,因此对模型体积非常敏感。AlexNet 刚出现时,移动端存储空间比现在更有限,当时的移动设备内存无法装下完整的 AlexNet 模型,想要在内存资源有限的移动端设备运行 AlexNet 模型可谓困难重重。

GoogLeNet 模型参数有 500 万个,是 AlexNet 模型参数个数的 1/12,这直接体现在模型所需的存储空间和对内存的占用上。GoogLeNet 虽然深度有 22 层,但大小却比 AlexNet 小很多。表 4-1 是使用 PaddlePaddle 的 fluid 版本训练的两个神经网络的模型体积对照表,可以看到 AlexNet 的体积约为 GoogLeNet 的 9.2 倍。

表 4-1　GoogLeNet 模型与 AlexNet 模型体积对照

| 模型 | 模型体积 |
| --- | --- |
| GoogLeNet | 23.9MB |
| AlexNet | 220MB |

### 4.3.2　计算量问题

前面讲过,GoogLeNet 的主要创新是引入了 Inception 机制,从而大大减少了参数量,这不仅使模型体积减小很多，还使得计算量降低很多。图 4-3 是 GoogLeNet 的完整结构图，可以看到整个 GoogLeNet 网络结构中大量使用了 Inception 结构，而且卷积在网络结构的节点数量中占比非常大，运算所需的时间大多耗费在卷积运算上。

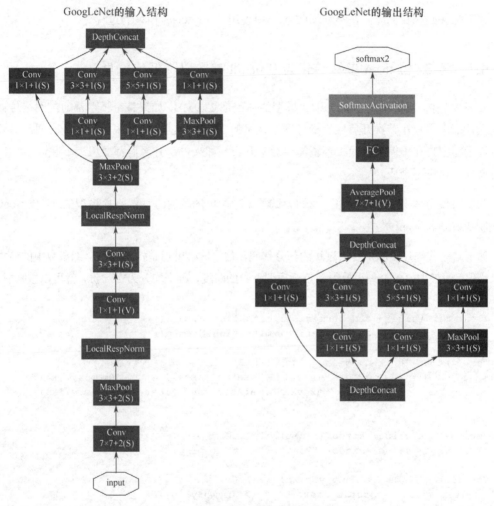

图 4-3　GoogLeNet 的输入输出结构图

## 4.4　尝试在 App 中运行 GoogLeNet

2015 年，笔者所在的团队开始尝试将 GoogLeNet v1 模型运行在移动端，落地场景是图像搜索，这也是深度学习被广泛应用的场景之一。实现的是在进入图像搜索界面后，自动通过主体检测找到物体，然后裁剪出图像轮廓，并发起图像搜索。主体检测过程的计算在移动端运行，这样能避免不必要的流量消耗，还可以提升速度。

接下来将回顾我们团队在移动端的 App 中使用 GoogLeNet 模型的过程。

### 4.4.1　将 32 位 float 参数转化为 8 位 int 参数以降低传输量

在表 4-1 中，我们看到 GoogLeNet 模型的体积是 23.9MB。如果整个模型都通过网络传输到移动端，那么用户在首次开启应用神经网络技术的功能时，就要等待很长的下载时间。另外，训练过程模型也在不停地迭代，模型需要经常升级，如果每次升级后都要用户下载近 24MB 的模型文件，显然不合适。

为了将模型体积进一步压缩，我们尝试了一种简单的映射方法：将原模型的 32 位 float 类型强制映射到 8 位 int 类型。

如下 C++ 代码片段就是转换过程的部分代码，它的核心思想是找出模型全部参数中的最大值和最小值。用最大值减去最小值得到整个模型参数的跨度，再平均分为 255 份，就可以做映射了。

```cpp
// for float 32
float min_value = std::numeric_limits<float>::max();
float max_value = std::numeric_limits<float>::min();

for (int k = 0; k < memory_size; ++k) {
    min_value = std::min(min_value, static_cast<float *> (memory)[k]);
    max_value = std::max(max_value, static_cast<float *> (memory)[k]);
}

fwrite(&min_value, sizeof(float), 1, out_file);
fwrite(&max_value, sizeof(float), 1, out_file);

for (int g = 0; g < memory_size; ++g) {
    float value = static_cast<float *> (memory)[g];
    auto factor = (uint8_t) round((value - min_value) / (max_value - min_value) * 255);
    fwrite(&factor, sizeof(uint8_t), 1, out_file);
}
```

经过上述代码的转化，一个 GoogLeNet 模型的体积从 23.9MB 一下子减小到 6MB。再将该 6MB 的模型文件使用 zip 压缩算法压缩之后，最终的体积仅为 4.5MB。

在运行过程中，由于模型框架使用的仍然是 32 位 float 类型，所以还要从 8 位 int 类型反向转换到 32 位 float 类型，这会导致精度降低。不过当时经过两次转换后，模型精度仍然是满足主体检测的精度要求的，因而采用了此方法。在实际使用中，如果是对精度敏感的模型，就要慎重使用该方法。

## 4.4.2 将 CPU 版本服务器端框架移植到移动端

解决了模型体积问题之后，团队接下来面临的问题是当时（2015 年到 2016 年时）专门针对移动端的深度学习框架较少，没有直接可用的框架。为了解决这一问题，我们决定对服务器端的框架进行移植。多方比对后，我们选择了 Caffe（全称是 Convolutional Architecture for Fast Feature Embedding）。Caffe 是一种常用的服务器端深度学习框架，主要应用在视频、图像处理方面。

在框架移植过程中，我们同样遇到了体积过大的问题，如果按服务器端的依赖编译 Caffe 框架，那么框架体积很容易超过 30MB，甚至超过了某些移动端 App 本身的大小。为了减少占用的存储空间，我们仅保留了 GoogLeNet v1 所需要的 layer，删除了较大的第三方依赖库，调整为使用适合移动端的第三方依赖库。当时主要做了以下调整：

- **放弃使用 protobuf：** 由于 protobuf 依赖库体积较大，我们放弃使用 protobuf 格式，转而定制编写了一套精简的 JOSN 格式，并将模型描述文件从 protobuf 转化为 JOSN 描述文件。这样就将原来数 MB 的 protobuf 依赖库缩减到了 100KB 左右。不过放弃使用 protobuf 的同时也放弃了模型转化的便利，因为 protobuf 是大多数框架支持的主流模型描述格式。（这里说明一点，我们后来研发的 Paddle-Lite 框架重新支持了 protobuf 格式，而且为了减小体积，我们重新编写了精简的 protobuf，得到了两全的解决方案。）
- **删掉后向传播过程：** 由于是在移动设备上运行预测过程的，因而不需要用于训练的后向传播过程。我们将全部代码文件进行精简，只保留预测过程，进一步减小了框架体积。
- **调整其他第三方依赖：** gflag 和 glog 等依赖也被切换到手写或者精简的依赖库。

最终保留的主要代码文件如下：

```
- Blob
- InnerProductLayer
- ReLU
- MaxPooling
- AveragePooling
- CrossChannelLRN
- ConvolutionLayer
- Concat
- Net
```

经过大规模精简，依赖库的体积被压缩到了 400KB～500KB。Android 系统已经可以通过网络快速下发 so 库，并设计为只在使用时才加载 so 库。iOS 系统的 IPA 的大小也只增长了 100KB～200KB。

### 4.4.3 应用在产品中的效果

克服模型和框架的相关上线障碍的同时，我们团队还解决了非常多的性能问题。性能优化的知识点相对比较零散，被集中放到了第 7 章和第 8 章。

解决了诸多问题以后，2016 年年中，我们在手机百度 App 中率先使用了移动端深度学习技术，各大应用市场也都上线了该功能。图像识别的产品界面如图 4-4 所示，在使用深度学习技术之前，进入拍照搜索（入口是百度 App 的搜索框右侧的相机按钮）页面后，要手动拍照并将整张图片发送到服务器端，耗费的流量较大且速度较慢；使用了深度学习主体检测技术后，图中的主体可以被检测到，从而只发送局部裁剪图片即可，这样既减少了网络请求的耗时，也节省了用户的流量。流式视频搜索应用的界面如图 4-5 所示，入口也是搜索框右侧的相机按钮（2019 年的版本）。

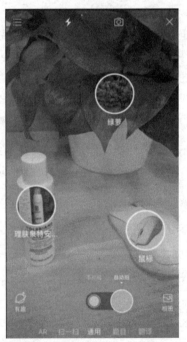

图 4-4　深度学习技术在百度 App 中的应用　　图 4-5　深度学习技术应用在流式视频搜索中的界面

## 4.5 轻量化模型 SqueezeNet

SqueezeNet 模型是由伯克利和斯坦福的研究人员在 ICLR-2017 会议上联合发表的。从名字可以看出，SqueezeNet 网络结构的特别之处在于 squeeze 层，该层使用 1×1 的卷积核对上一层输出进行卷积，squeeze 层起到的是降维作用。

在设计 SqueezeNet 时，研究人员考虑了自动驾驶汽车和 FPGA 嵌入式设备对于模型体积的限制，并针对模型体积要求严格的设备设计了 SqueezeNet 的小型 CNN 架构。SqueezeNet 在 ImageNet 上达到了 AlexNet 同级别的精度，参数量减少为 AlexNet 参数量的 1/50，SqueezeNet 的模型体积可以压缩到 0.5MB 以内。

可以访问"链接 11"下载 SqueezeNet 模型。

### 4.5.1 SqueezeNet 的优化策略

SqueezeNet 将减少参数量和保证精度作为主要目标，为了实现这两个目标，SqueezeNet 采取的策略主要有三个：

- 策略一：3×3 卷积核的参数量是 1×1 卷积核参数量的 9 倍，SqueezeNet 中使用了更多的 1×1 卷积核来取代 3×3 卷积核，从而减少了参数量。

- 策略二：3×3 卷积核相关的全部参数里还要考虑输入通道数 $C$ 和卷积核的数量 $N$。参数总量应该是 $(3×3)×C×N$。为了将整个网络的参数量减小，SqueezeNet 不仅减少了 3×3 卷积核的数量，还减少了 3×3 卷积核输入通道的数量。

- 策略三：缩小输出数据的下采样操作被放在网络后段进行，SqueezeNet 的设计者们称之为延迟下采样。池化等操作可以大幅缩小中间输出尺寸，将其放在后段可以尽可能地保留中间数据，从而提高最终输出数据的精度。这样可以使卷积层的输出更大，特征尽可能多地被保存下来。另外，如果 1×1 卷积核的 stride（步长）大于 1，则会缩小输出结果的尺寸，将这部分卷积操作集中在网络的尾部，同样会使网络中的许多层具有较大的输出结果。大的输出结果对应了更高的分类精度。

前两个策略主要是将参数量减少，从而优化模型体积和计算速度。第三个策略的目的是使用有限的参数量获得尽量好的精度。接下来一起看一下 SqueezeNet 中频繁出现的结构——fire 模块是如何实践以上优化策略的。

### 4.5.2 fire 模块

fire 模块的结构图如图 4-6 所示，从图中可以看到，fire 模块包括两个部分：

- 一个只有 1×1 卷积核的 squeeze 层。
- 一个 1×1 和 3×3 卷积核组合的 expand 层。

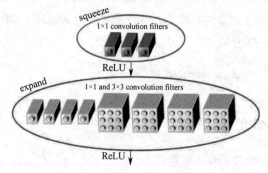

图 4-6　fire 模块的结构图

squeeze 层仅有一个 1×1 卷积核，输出到由 1×1 和 3×3 卷积核组成的 expand 层。fire 模块可以任意地使用 1×1 卷积核，这应用了 4.5.1 节中的策略一。

fire 模块还有三个可调的超参数：squeeze 层的 1×1 卷积核数量、expand 层的 3×3 卷积核数量和 expand 层的 1×1 卷积核数量。squeeze 层的卷积核数量少于 expand 层的卷积核数量，这应用了 4.5.1 节中的策略二。

### 4.5.3 SqueezeNet 的全局

图 4-7 展示了 SqueezeNet 的全局结构图，从左到右依次为 SqueezeNet 全局视图、SqueezeNet 的简单分支、具有复杂分支结构的 SqueezeNet。SqueezeNet 的起点是一个 1×1 的卷积层（conv1），然后是 8 个 fire 模块（fire2～fire9），最后在 fire10 结束。在 SqueezeNet 网络结构图中，卷积核的数量从开始到结束逐步增加。SqueezeNet 在 conv1、fire4、fire8 和 fire10 之后才执行 stride（步长）为 2 的最大池化（maxpool）操作，这采用了 4.5.1 节中的策略三，延迟下采样。

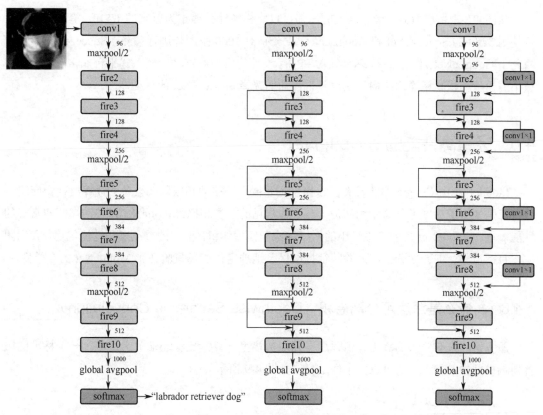

图 4-7 SqueezeNet 的结构图

SqueezeNet 的作者提供了模型占用的存储空间的数据表格,其与 AlexNet 模型的对比如图 4-8 所示:

| CNN 网络结构 | 压缩方式 | 数据类型 | 原始模型→压缩模型 | 相比原始 AlexNet 的压缩倍率 | Top-1 ImageNet 精度 | Top-5 ImageNet 精度 |
|---|---|---|---|---|---|---|
| AlexNet | None (baseline) | 32 bit | 240MB | 1x | 57.2% | 80.3% |
| AlexNet | SVD (Denton et al., 2014) | 32 bit | 240MB → 48MB | 5x | 56.0% | 79.4% |
| AlexNet | Network Pruning (Han et al., 2015b) | 32 bit | 240MB → 27MB | 9x | 57.2% | 80.3% |
| AlexNet | Deep Compression (Han et al., 2015a) | 5-8 bit | 240MB → 6.9MB | 35x | 57.2% | 80.3% |
| SqueezeNet (ours) | None | 32 bit | 4.8MB | **50x** | 57.5% | 80.3% |
| SqueezeNet (ours) | Deep Compression | 8 bit | 4.8MB → 0.66MB | **363x** | 57.5% | 80.3% |
| SqueezeNet (ours) | Deep Compression | 6 bit | 4.8MB → 0.47MB | **510x** | 57.5% | 80.3% |

图 4-8 SqueezeNet 和与 AlexNet 模型对比

从图 4-8 中可以看到，最大限度的压缩可以将模型体积缩小为原来的 1/510。笔者所在团队曾使用 32bit 的 SqueezeNet 和 GoogLeNet v1 分别对 1000 张图片进行预测，SqueezeNet 的精度略差于 GoogLeNet v1。SqueezeNet 针对 FPGA 设计的模型对移动端嵌入式平台非常友好，具有极小的模型体积和精简的结构，这也是工程师们选择 SqueezeNet 的重要原因。

## 4.6 轻量高性能的 MobileNet

MobileNet 由 Google 团队发布，该模型主要被用于移动和嵌入式设备的计算机视觉应用。其特点是使用了深度可分离卷积结构。与其他常见的模型相比，MobileNet 在移动端有非常好的性能表现。MobileNet 也能产生较小的网络结构和模型体积，但它的重点还是性能优化。我们团队在目标检测、细粒度分类、人脸特征提取以及地理定位等场景验证了 MobileNet 的有效性。

### 4.6.1 什么是深度可分离卷积（Depthwise Separable Convolution）

服务器端具有强大的算力，所以服务器端的模型计算量比移动端的大很多。一个标准的服务器端模型中的卷积一般可以像下面这样（如图 4-9 所示）：

- 有 $N$ 个卷积核
- 每个卷积核的长宽都是 $D_k$
- 输入有 $M$ 个通道

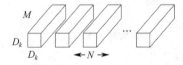

图 4-9　服务器端的标准卷积结构图。$N$ 个 $D_k$ 卷积核对 $M$ 个通道进行卷积

图 4-9 中的标准卷积结构的计算量是非常大的。为了减少计算量从而符合移动端的算力要求，MobileNet v1 设计者的做法是将一个标准的卷积结构拆分为：

- 一个 Depth-wise 卷积核。可以将 Depth-wise 卷积核简单地理解为使用 $1×N$ 和 $N×1$ 的卷积核代替 $N×N$ 的卷积核，如图 4-10 所示。

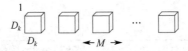

图 4-10 Depth-wise 卷积核结构图。每个通道和一个不同的 $D_k$ 卷积核计算

- 一个 1×1 卷积核（Point-wise 卷积核），如图 4-11 所示。

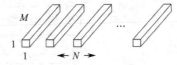

图 4-11 1×1 卷积核结构图。分别对 $M$ 个通道进行 1×1 卷积核计算

我们来对比一下 MobileNet v1 的可分离卷积计算量和标准卷积计算量，这里以一个例子进行说明，而不进行繁杂的公式推导。

假设输入是一幅 3 通道的尺寸为 112 的图片。输入数据进入卷积层 conv2_1，通道数为 64，卷积核尺寸为 3×3，卷积核有 128 个，则标准卷积计算量为：

$$3\times3\times128\times64\times112\times112 = 924\,844\,032$$

将标准卷积结构替换为可分离卷积结构，则计算量为：

$$3\times3\times64\times112\times112 + 128\times64\times112\times112 = 109\,985\,792$$

二者的比值为：

$$\frac{924\,844\,032}{109\,985\,792} \approx 8.408759124$$

从以上例子可以看到，标准卷积结构的计算量是可分离卷积结构计算量的 8.4 倍以上。不难看出，使用可分离卷积结构的确能大幅减少运算量。

### 4.6.2 MobileNet v1 网络结构

基于深度可分离卷积的 MobileNet v1 是一个共有 28 层的网络结构，每层后面会连接一个 BatchNorm（BN）和 ReLU，第一层为标准卷积层。标准卷积结构和 Depth-wise 卷积结构的对比如图 4-12 所示。

图 4-13 列出了 MobileNet v1 的所有层，MobileNet v1 是一个无分支的直桶结构，没有残差、

递归等复杂结构。

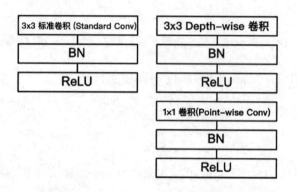

图 4-12  标准卷积（左图）和 Depth-wise 卷积（右图）结构对比图

| 算子 / 步长 | 卷积形状 | 输入尺寸 |
|---|---|---|
| Conv / s2 | 3 × 3 × 3 × 32 | 224 × 224 × 3 |
| Conv dw / s1 | 3 × 3 × 32 dw | 112 × 112 × 32 |
| Conv / s1 | 1 × 1 × 32 × 64 | 112 × 112 × 32 |
| Conv dw / s2 | 3 × 3 × 64 dw | 112 × 112 × 64 |
| Conv / s1 | 1 × 1 × 64 × 128 | 56 × 56 × 64 |
| Conv dw / s1 | 3 × 3 × 128 dw | 56 × 56 × 128 |
| Conv / s1 | 1 × 1 × 128 × 128 | 56 × 56 × 128 |
| Conv dw / s2 | 3 × 3 × 128 dw | 56 × 56 × 128 |
| Conv / s1 | 1 × 1 × 128 × 256 | 28 × 28 × 128 |
| Conv dw / s1 | 3 × 3 × 256 dw | 28 × 28 × 256 |
| Conv / s1 | 1 × 1 × 256 × 256 | 28 × 28 × 256 |
| Conv dw / s2 | 3 × 3 × 256 dw | 28 × 28 × 256 |
| Conv / s1 | 1 × 1 × 256 × 512 | 14 × 14 × 256 |
| 5× Conv dw / s1 | 3 × 3 × 512 dw | 14 × 14 × 512 |
| Conv / s1 | 1 × 1 × 512 × 512 | 14 × 14 × 512 |
| Conv dw / s2 | 3 × 3 × 512 dw | 14 × 14 × 512 |
| Conv / s1 | 1 × 1 × 512 × 1024 | 7 × 7 × 512 |
| Conv dw / s2 | 3 × 3 × 1024 dw | 7 × 7 × 1024 |
| Conv / s1 | 1 × 1 × 1024 × 1024 | 7 × 7 × 1024 |
| Avg Pool / s1 | Pool 7 × 7 | 7 × 7 × 1024 |
| FC / s1 | 1024 × 1000 | 1 × 1 × 1024 |
| Softmax / s1 | Classifier | 1 × 1 × 1000 |

图 4-13  MobileNet v1 的模型结构

从图 4-13 中可以看到，最后一层是 Softmax，它仅仅是一个分类器。那么想用 MobileNet v1 进行主体检测（检测主体的位置和大小，而不是检测主体是什么）时，就要对网络结构做一些针对性的修改。一般常见的做法是去掉 Softmax 层，加一个可以做主体检测的头部，再输出到类似 VGG-SSD 的主体检测结构中，这样就可以得到主体检测的输出数据。

### 4.6.3　MobileNet v2 网络结构

2018 年 4 月 2 日，Google 发布了 MobileNet v1 的升级版 MobileNet v2，MobileNet v2 的网络结构沿用了 MobileNet v1 中的 Depth-wise 卷积和 1×1 卷积（Point-wise Conv）组合的方式来提取特征。相对于 MobileNet v1 的网络结构，MobileNet v2 最主要的升级有两个：**Inverted Residual Block** 和 **Linear Bottleneck**，下面分别介绍。

#### Inverted Residual Block

MobileNet v1 借鉴了 Xception 网络，使用了深度可分离卷积（Depthwise Seperable Convolution）结构。2018 年以来 ResNet 和 DenseNet 等带有旁路分支的残差网络结构得到了较多的关注，这些残差网络结构在复用图像特征和操作融合方面都有着巧妙的设计。MobileNet v2 也吸收了 ResNet 和 DenseNet 等网络结构的优点。

MobileNet v2 借鉴了 ResNet 中的 1×1→3×3→1×1 结构。从图 4-14 的上图可以看到，ResNet 中的这个结构先经过 1×1 卷积将输入降维压缩为原来的 1/4，再经过 3×3 标准卷积提取特征，这个小型结构被称为 Residual Block。MobileNet v2 对其做了一定的改善：先进行升维扩张，再提取特征（如图 4-14 的下图所示），由于升维扩张后的通道数量增加，所以可以获得更多的特征，对识别精度有较好的提升。正是因为 MobileNet v2 对 ResNet 的 Residual Block 结构调整了顺序，所以笔者称其为 Inverted Residual Block。ResNet 的 Residual Block 结构是一个锥形，MobileNet v2 的 Inverted Residual Block 则是两边小中间大的形状。

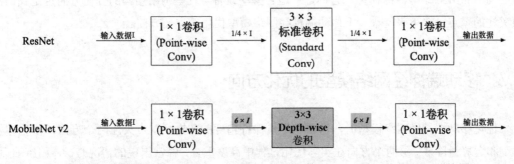

图 4-14　ResNet 的 Residual Block 和 MobileNet v2 的 Inverted Residual Block 对比图

### Linear Bottleneck

MobileNet v2 相对于 MobileNet v1 的另一个改进点是 Linear Bottleneck。MobileNet v2 在 Depth-wise 前加了一个 Point-wise 扩张通道,随后在 Linear Bottleneck 输出节点上使用了线性输出。在高维度空间内使用非线性激活函数可以有效提升效果,而在 MobileNet 这种低维空间内使用非线性激活函数,不但没有好的效果提升,反而会破坏仅有的少量特征,所以在 Linear Bottleneck 这里使用了线性激活函数,而不再使用 MobileNet v1 中的 ReLU6 作为激活函数,这样能防止低维数据被 ReLU6 过滤掉,伤害特征。图 4-15 展示了 MobileNet v1 和 MobileNet v2 关于使用 Linear Bottleneck 的对比。

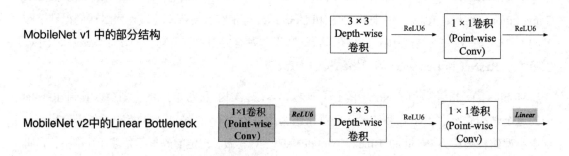

图 4-15 MobileNet 两个版本关于使用 Linear Bottleneck 的区别

至此我们介绍了几种典型的移动端神经网络模型,随着移动端设备运算能力的增强,也陆续涌现出了一些适合移动端运行的模型。除了 MobileNet 和 SqueezeNet 等网络,还出现了效果较好的 ShuffleNet 等网络模型,它们都更适合移动设备。这些网络结构的优化方向也是我们需要关注的重点,接下来就看一下移动端神经网络模型优化的主要方向。

## 4.7 移动端神经网络模型的优化方向

优化移动端神经网络模型时,需要在尽量保持精度的前提下重点关注两个方向:模型体积压缩和运算量降低。这两个方向在实际优化过程中高度重合,经常出现的情况是,体积压缩后,运算量也降低了。

模型体积压缩的核心思路就是减少参数量和适当改变参数的数据类型。减少参数量的方法之一是剪枝，可以将神经网络视为由多个边将多个节点连接起来的网络，每条边就是一个参数。如果某些边的作用很小，就可以剪断这些边。剪枝的方式实现起来比较简单，对参数量的控制也很有效。

深度神经网络模型的参数大多是以浮点数存储的，常见的是 32 位长度的 float 类型。在整个网络中，一些参数并不需要 32 位 float 类型这么高的精度，可以将这部分参数转化为 8 位的 int 类型，这样一来，理论上就直接减少了四分之三的占用空间。这种优化方式称为**量化**。由于体积减小，更多的数据可以被加入片上缓存中，从而让速度优化变得得心应手。量化技术是模型优化最常用的方法之一。

另外，还有一种优化端侧模型的方法：模型的权重都用一个二进制数表示，这种用二进制数来表达神经网络模型参数值的方式称为**二值神经网络**。相对于 32 位 float 模型，二值神经网络相当于从 32 位的存储消耗直接降为 1 个 bit 的消耗，模型体积的压缩比非常可观。

以上这些模型优化方法都需要服务器端训练框架的支持，只有服务器端和移动端配合优化才能达到理想效果。一些方法在论文中的数据很乐观，但是在实际应用时仍要做很多工作。将好的想法转化为产品级的应用，这中间有很长的路要走，精度、模型体积、运算速度等问题随时可能困扰我们。

## 参考资料

[1] 链接 12

[2] 链接 13

[3] 链接 14

# 第 5 章
# ARM CPU 组成

现代计算机的基本组成很早就被定义好了。20 世纪 40 年代,冯·诺依曼结构在《EDVAC 报告书的第一份草案》(*First Draft of a Report on the EDVAC*)中被提出,大部分计算机结构都使用了冯·诺依曼结构。今天,在移动端片上系统深入使用的结构叫哈佛结构,其核心理念与冯·诺依曼结构相似,是它的一个升级版。同时,移动设备已经将计算机中的 CPU、GPU、内存集成到一块指甲盖大小的芯片上,这种片上系统被称为 SoC(System on a Chip)。在开发移动端深度学习框架时,理解移动端 SoC 体系结构至关重要,这样才能合理运用提升 CPU 性能的各种方法。本章将从早期体系结构开始讲,并介绍当下的移动计算设备内部结构,读者在重点了解 CPU 内部结构的同时,也可以学习一些汇编代码的写法。本章知识是从技术的应用层面过渡到嵌入式高性能计算的基础。

## 5.1 现代计算机与 ARM CPU 架构的现状

### 5.1.1 冯·诺依曼计算机的基本结构

1946 年 2 月 14 日,体积巨大的 ENIAC(电子数字积分计算机)在宾夕法尼亚大学制作完成。作为第一台通用计算机,这个庞然大物的占地面积达 170 平方米,每秒可以完成 5000 次的加法运算,需要大量的开关和连线来控制程序,功率为 150 千瓦。

《EDVAC 报告书的第一份草案》是由冯·诺依曼撰写的共 101 页的报告,该报告论述了两个重要设计思想：

- 运行在计算机里的程序应该是存储好的，而不是由开关和连线来控制的。
- 计算机应该使用由开和关两个状态表示的二进制，而不是十进制，因为十进制的计算机设计将十分复杂。

除此之外，这份报告还将计算机的结构明确地划分为如下 5 个部分：

- 控制器 CC（Central Control）：控制器主导整个 CPU 的运行过程，负责从内存中取出指令，并存放到指令寄存器。控制器取到指令后就会将程序员编写的文本指令"翻译"成控制电路能理解的指令，然后运行。程序运行期间，CPU 需要不断地知道下一条指令的内容才能继续进行，这就要依赖控制器取出下一条指令。
- 运算器 CA（Central Arithmetical）：运算器是用来做加减乘除和逻辑运算的部分。运算器的核心单元是 ALU（算术逻辑单元），它负责对寄存器内的数据做运算，然后将运算结果存储到寄存器中。
- 存储器 M（Memory）：CPU 运转直接读写的两类存储器是计算机主存储器（也叫主存、内存）和 CPU 片上缓存（也叫缓存），有时访问内存比访问缓存慢上百倍，在移动端优化性能的一个关键点就是利用好缓存，在第 7 章还会有相应的介绍。
- 输入设备 I（Input）：CPU 计算的所有数据都来自输入设备，如键盘、触摸板、智能手机的触摸屏。一般情况下，输入环节是程序运行或者启动的入口。
- 输出设备 O（Output）：用于接收计算机数据的输出显示、打印、声音、控制外围设备操作等信息，常见的输出设备有显示器、打印机等。考虑智能手机，它的触摸屏不但可以输入信息，还可以输出图像信号，所以它既是输入设备，又是输出设备。

图 5-1 所示为冯·诺依曼结构的计算机简化图。数据从输入设备输入进来（有时这一过程还要经过 CPU，但是为了简化，图中没标明这一点），主存储器（内存）中存放着程序指令和数据，CPU 运行时会不停地从主存储器获取已经准备好的指令和数据。

虽然芯片的复杂度在不断增加，但是计算机的设计一直沿用了这 5 个组成部分的方案，而且今天的移动端设备依然包含这 5 个组成部分，只不过表现形式有所变化，比如移动端设备越来越强调将更多的功能融合进单一芯片内。

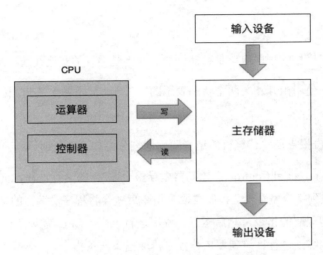

图 5-1 冯·诺依曼结构计算机简化图

现代计算机（包括手机等移动设备）的 CPU 内都含有运算器和控制器，通过和内存交互来达到运行程序的目的。在输入过程中取得数据，然后计算，最后得到输出数据。

当程序运行时，需要为 CPU 提供编写好的指令，告诉 CPU 接下来做什么，CPU 拿到指令以后会进行数据运算。不管是**数据**还是**程序指令**，都会以二进制编码的形式存放在内存中。为了找到这些数据或指令，需要给它们的存放位置标记"门牌号"，这个"门牌号"就是它们在存储器内的**地址**。

### 5.1.2 移动计算设备的分工

如果图 5-1 中的各个部分只是一个个简单的部件，看起来并不复杂。但实际上，个人计算机的主板是很复杂的，除了这几个基本部分，计算机主板上还加入了南桥芯片和北桥芯片。在多次升级迭代后，个人计算机主板上的南北桥结构变成了合并后的南桥芯片（如图 5-2 所示）。

虽然个人计算机主板的体积在迅猛发展中已经减小很多，但是对于嵌入式设备来说仍然不够小。主板变小这一趋势在嵌入式系统集成芯片上表现得更彻底，嵌入式主板取消了南北桥结构，进一步将大量的硬件控制器直接集成到核心，原来的 CPU 扩充得更加复杂，集成度也更高，这时的 CPU 已经和早期的 CPU 概念不同，演变为了前面提到过的 SoC（System on a Chip），如图 5-3 所示是一块嵌入式芯片的结构，该芯片只有指甲盖大小。

第 5 章　ARM CPU 组成

图 5-2　个人计算机主板，南北桥芯片被合并为南桥芯片

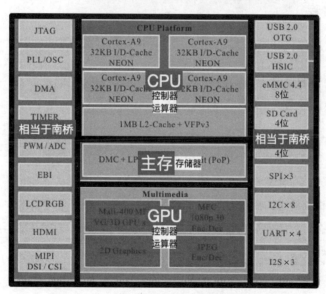

图 5-3　嵌入式芯片结构图

如果沿用冯·诺依曼计算机结构进行设计，那么还要考虑另一件事：内存中存放的指令怎么写才能让机器正确识别出来？换句话说，软件和硬件在设计过程中如何协作才能保证 CPU 正常运行？接下来我们将聚焦最核心的部件 CPU，看看它是如何运行的，CPU 指令是以什么格式编写的。

## 5.2 简单的 CPU 模型

从图 5-1 可以看到，CPU 需要不间断地从内存中取数据和指令，以确保程序持续运行。获取数据和指令是通过数据总线进行的。我们将一条指令的完整运行过程拆分为取指、译码、执行、回写 4 个步骤，以简单通俗的语言来描述整合后的过程就是：CPU 到内存中取指令，而后翻译为逻辑电路信号，运行之后再回写到内存。了解 CPU 的整体运转过程对于理解移动端芯片运行的基本过程很有帮助。接下来通过一个例子来介绍这些步骤。

假设 CPU 要计算1+2的结果，1 和 2 分别是 ALU 运算器的输入，存储在两个寄存器内。相应的取指、译码、执行、回写过程如下。

### 5.2.1 取指过程

取指过程如图 5-4 所示，其中黑色底纹部分是需要重点关注的取指过程涉及的部件。

首先，由控制器的控制电路向内存发出信号，通知内存中的控制器：接下来 CPU 会从指定的内存地址中**读数据**了（读和写的信号是不同的，这是为了便于内存控制器区分这两种操作）。

接下来，CPU 会将地址发到地址总线上，进而传输给内存。可能有人会问，CPU 发出的这条地址是从哪里来的？在计算机开机的瞬间，便会有第一条指令从 Flash 中被取出并运行，这条指令和个人计算机上的 BIOS 程序类似。然后指令会被一条一条地取出并发送给 CPU，CPU 将一直处于运行状态，顺序向后执行（为了便于理解，这里先不考虑其他情况）。

假设现在程序计数器（Program Counter，PC）中已经有了下一条指令的地址，程序计数器会将这个地址通过内部总线传输给 MAR（存储器地址寄存器），随后 MAR 中的地址会被发送到内存中，用于找到指令内容。内存接到地址总线发来的地址后，会由内部控制器返回数据，并经由数据总线发送给 CPU。返回的数据存放在 MDR（存储器数据寄存器）中。

随后 MDR 经过 CPU 内部总线将指令内容的数据传给 IR（指令寄存器），最后将程序计数器中的地址更新为内存中下一条指令的地址。这样就完成了一次取指令操作。

第 5 章 ARM CPU 组成

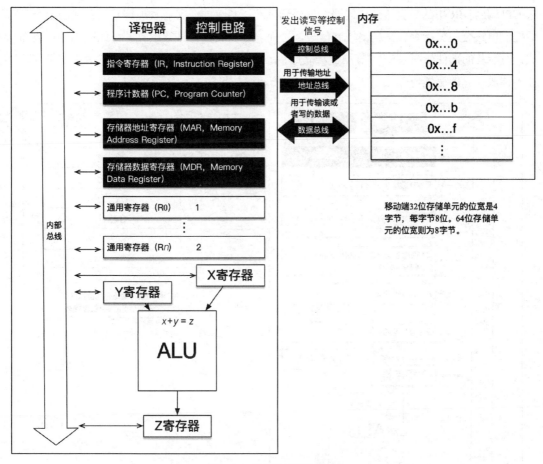

图 5-4 取指过程示意图

这当中还会涉及缓存，后面会提及。概括一下取指过程就是，控制器发出信号，将内存中的指令分阶段复制到 IR 并更新程序计数器中的指令地址。目的是将指令取回，为下一步的译码阶段做好准备。

图 5-4 以简单的模型展示了取指令的过程，这样的整体结构同样适用于现代移动设备芯片。

### 5.2.2 译码过程

指令的译码过程相对简单。取指令后，现在的指令内容已经在 IR（指令寄存器）中。接下

99

来 CPU 会将 IR 中的数据传给译码器，译码器理解了指令的含义后发现这是一条加法指令，随后控制电路会根据指令含义产出控制信号，进而控制相关部件进行运算，至此译码过程全部完成，所涉及的部件如图 5-5 中黑色底纹部分所示。在 CPU 运行中，译码阶段的效率非常高，往往不构成计算的瓶颈。

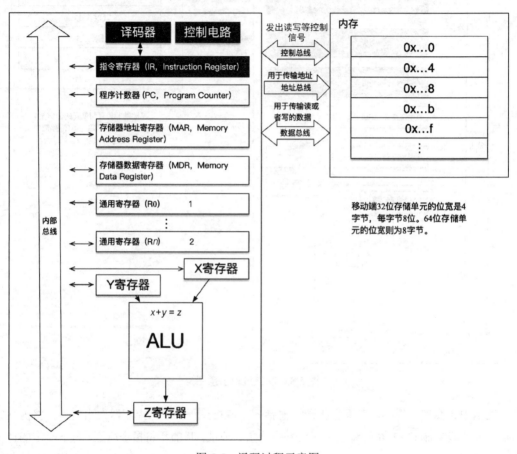

图 5-5　译码过程示意图

### 5.2.3　执行过程

前面假设两个操作数 1 和 2 已经分别提前放入两个通用寄存器中，CPU 执行计算时会先将两个通用寄存器 R0 和 R$n$ 的数据移到 X 寄存器和 Y 寄存器内，这样 X 寄存器和 Y 寄存器的值将变为 1 和 2。接下来运算器 ALU 将 X 寄存器和 Y 寄存器内的操作数作为输入，计算 1+2，将计算结果 3 存入 Z 寄存器。

至此就完成了最基本的加法指令执行过程，这一过程用到了前面的假设，即 1 和 2 两个操作数已经提前放在通用寄存器内了。在实际中，操作数有可能在内存中或者缓存中，如果是那样的，就需要 CPU 先去其他存储设备中取操作数，再放到通用寄存器内等待计算。图 5-6 中黑色底纹部分是参与执行过程的部件，核心计算功能由 ALU 完成并输出到 Z 寄存器。

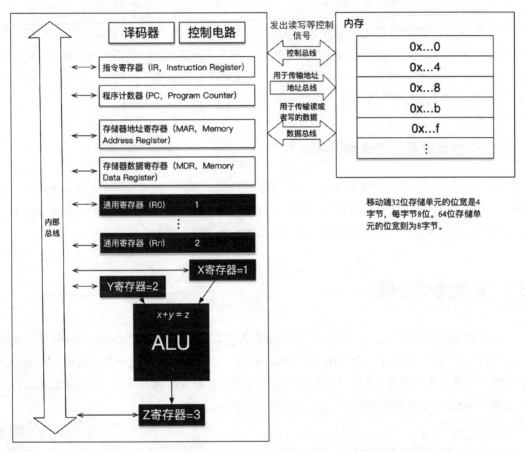

图 5-6 执行过程示意图

## 5.2.4 回写过程

经过执行过程后，CPU 已经通过计算得出结果，结果数据会写到寄存器中。需要说明的是，在精简指令集体系中，结果数据只能直接写回寄存器，如果想写到内存中，则需要再用一条 store 指令单独操作，这符合典型的精简指令集计算机（Reduced Instruction Set Computer，RISC）的指令集特性。在常见的 ARM 架构的手机中，运行的汇编程序要将寄存器中的结果数据写回内存，同样需要以一条单独的 store 指令进行存储（暂时不考虑发射多条指令的情况），不能和其他指令合并操作。而复杂指令集计算机（Complex Instruction Set Computer，CISC）则可以在一条指令内完成访存和计算等多个操作。

5.3.1 节将要讲到的汇编代码也属于精简指令集，指令集中的每条指令所做的事情非常简单，例如加法、从内存取数据或写数据这种单一操作，对于"从某地址取数据，然后和某个数字相加"这样的复杂操作，就需要将"取数据"和"做加法"放到两条不同的指令中执行。与之相比，x86 平台的一条指令就像一本"长篇小说"。

### 5.2.5 细化分工：流水线技术

如果我们将 5.2.1 节至 5.2.4 节的几个步骤分开执行，那么上一条指令进入译码阶段时，就可以开始对下一条指令取指。这样流水线式地执行，便可以以更高的效率发射四条指令。如果将指令的执行过程划分为更细的步骤并流水线式地执行，效率就会更高。

## 5.3 汇编指令初探

CPU 的运行过程就是 CPU 内部元件不断操作寄存器的过程。5.2 节中的示例展示的是加法运算的执行过程，它反映了一个简化版的 CPU 模型。基于对硬件结构的理解，我们一起看一下如何编写程序并使其在硬件上运行。与硬件关系最紧密的语言是机器语言，其次是汇编语言。本节将介绍 5.2 节中的示例如何以汇编语言的形式编写。

### 5.3.1 汇编语言程序的第一行

下面这一条汇编指令是 5.2 节中的代码实现样本，这是一条内嵌在 C 语言或者 C++语言中的 ARM 汇编指令代码。asm 关键字告诉编译器"如下内容属于原生汇编代码"，add 是加法指令关键字，r0 寄存器用于存放计算结果，R1 和 R2 寄存器分别对应下面代码中的 r1 和 r2。

```
asm("add r0,r1,r2"); /* r1+r2 = r0 */
```

如果处理的是一般的任务，那么只使用 C 或者 C++语言进行开发就能保证足够高的性能了。而在处理深度学习等计算压力较大的任务时，就要使用汇编语言进行优化，以取得更好的性能收益。如果完全通过汇编代码实现，又会过于复杂，所以一般会使用 C 语言或 C++语言内联汇编的方式。需要注意的是，内联汇编的语法格式与编译器直接相关，对于不同的编译器，内联汇编的写法是不相同的。下面以 5.2 节中的示例为例介绍在 ARM 体系结构下 GCC 的内联汇编，格式如下，大家对该格式有一个直观的认识即可：

```
asm(
    代码 1
    代码 2
    ...

    : 输出列表
    : 输入列表
    : 被更改列表
);
```

接下来逐步讲解如何使用汇编指令编写代码。汇编指令不要求换行，但是为了保持良好的可读性，习惯上会让一条指令占用一行，内联汇编程序与纯汇编程序的格式一样。下面代码尝试将两个立即数放到寄存器 r1 和 r2 中，随后将 r1 和 r2 相加的结果输出到 var 变量。

```
#include <stdio.h>

int main(void) {
    int var = 0; // 初始化 var 变量

    asm(
    "mov r1,#1\n\t" // mov 指令将立即数 1 放到 r1 寄存器中
    "mov r2,#2\n\t" // mov 指令将立即数 2 放到 r2 寄存器中
    "add %[result],r1,r2\n\t" /* add 指令将 r1 和 r2 中的值相加，result 是结果变量，它是 var 变量的别名，程序执行到这会将 result 赋值给 var*/
    :[result]"=r"(var) // 声明输出 result 来自 var
    : // 没有输入
    : // 没有更改声明
    );

    printf("1 + 2 = %d \n", var); // 打印结果
```

```
    return 0;
}
```

以上代码可以在安装 CMake 和 NDK 后自行编译。由于 bash 脚本可以很方便地执行代码程序，所以笔者使用了 bash shell 作为编译脚本。执行 sh build.sh 之后就可以完成编译。

```
▶ sh build.sh
/usr/local/android-ndk-r17-beta2
filename:chapter5-arm_instructions
complie complete!
-- Configuring done
-- Generating done
-- Build files have been written to:
/Users/allonli/Documents/workspace/c/arm/build/release/arm-v7a
Scanning dependencies of target chapter5-arm_instructions
[ 50%] Building CXX object
CMakeFiles/chapter5-arm_instructions.dir/src/chapter5-arm_instructions.cc.o
[100%] Linking CXX executable chapter5-arm_instructions
[100%] Built target chapter5-arm_instructions
```

这时可以看到可执行文件 chapter5-arm_instructions 已经被编译好。以 Android 手机为例，将 build 目录下编译好的 chapter5-arm_instructions 推送到手机端，如下代码所示。

```
adb push chapter5-arm_instructions /data/local/tmp/
```

然后连接手机 USB 接口进行调试，adb shell 命令可以进入手机的 shell 环境，再运行刚刚推送到手机的可执行文件，就可以看到编译后得到的可执行程序计算 1+2=3 的过程。

```
▶ adb shell
PAFM00:/
PAFM00:/ $ cd /data/local/tmp
PAFM00:/data/local/tmp $ ./chapter5-arm_instructions
1 + 2 = 3
```

当看到正确的输出时，就代表已经完整地运行了一次内联汇编代码程序。不过这只能算一次管中窥豹式的了解，全部的汇编知识还是比较复杂的，很难在短时间内掌握各种指令集。好消息是，深度学习技术所用到的汇编代码只占汇编知识总量的很少一部分，只要学会高性能计算相关的指令即可。接下来看一下 ARM 汇编知识。

## 5.3.2 这些指令是什么

实际在 CPU 元件上运行的是机器语言代码。汇编代码和域名类似，只能起到助记的作用。汇编语言按 CPU 运行的规则编写，而 C 和 C++ 语言则兼顾了人类的理解方式。于是当我们编写完 C 或 C++ 程序后，想要运行就得先转换成汇编代码，再转换为机器语言代码，最终才能在 CPU 上运行，如图 5-7 所示。

图 5-7 代码程序的转换和执行

精简指令集的指令简明扼要，但是每条指令能做的事情也变得单一。这就导致相同的功能要写更多的汇编代码。精简指令集的种类比较多，早期由 MIPS 指令集主导，现在后起之秀 ARM 成为关键角色。

ARM（Advanced RISC Machine）架构是一个典型的精简指令集（RISC）处理器架构，今天的手机芯片大多集成了 ARM 架构的处理器。低功耗的特点使得 ARM 架构不仅在手机端获得了巨大成功，也在各种其他移动设备端及 IoT 领域被广泛应用，甚至还被应用在了笔记本电脑中。2016 年 7 月 18 日，日本软银集团斥资 311 亿美元收购了设计 ARM 的 ARM Holdings 公司（一般简称 ARM 公司）。根据 ARM 公司此前提供的数据，从 1991 年至 2016 年的 26 年间，他们共产出了 1000 亿颗基于 ARM 架构的芯片；从 2017 年到 2020 年，ARM 希望推动合作厂商在 4 年内生产 1000 亿颗基于 ARM 架构的芯片；到 2035 年左右，希望制造万亿台基于 ARM 技术的联网设备。

不管未来 ARM 架构走向何方，下面几个重要的技术都必然会成为未来之星：

- 在移动芯片上广泛应用的 AI 技术
- 正在加速推广的 IPv6 技术
- 开始走进千家万户的 IoT 设备背后的技术
- 正在到来的 5G 技术

这些技术都需要移动芯片加持，只要程序员从底层技术到顶层技术都进行全面理解，就可以在风起云涌的 IT 大浪中成为弄潮儿。更加深刻地理解体系结构、汇编知识，能为异构计算打下良好基础。

## 5.4 汇编指令概况

ARM 芯片针对不同应用领域提供了不同的架构方案，从程序员的视角来看，不同方案之间的差异体现在指令集合的差别上。在不同的 ARM 芯片上，汇编编程的方式并不相同，各架构方案针对不同种类的应用场景提供了不同的指令集合。

为了方便理解，我们先看一下 ARM CPU 的家族包括哪些系列。

### 5.4.1 ARM CPU 家族

ARM CPU 家族包括如下系列，其中需要记住的有三个，分别是 Cortex-A 系列、Cortex-R 系列和 Cortex-M 系列。

- Cortex-A 系列，主要是面向应用的处理器。Cortex-A 系列含有整数运算的指令集架构和浮点数运算的指令集架构，并且支持单指令多数据流高性能计算指令，Cortex-A 系列是 ARM 家族中最丰富的指令集。因为 Cortex-A 系列在手机端开发领域被广泛使用，所以从事手机端高性能研发的读者需要重点关注该系列。ARMv7-A 是指令集为 32 位的 Cortex-A 架构，ARMv8-A 是对 ARMv7-A 的扩充，现在使用 ARM 架构的手机大多使用的是 64 位的 ARMv8-A 架构，如 Cortex-A57、Cortex-A53 以及新发布的 Cortex-A76 架构。同时，ARM 公司也在不断地扩展 ARMv8-A 指令架构，先后发布了 ARMv8.1、ARMv8.2、ARMv8.4 和 ARMv8.5。Android 手机场景多应用了 Cortex-A 系列，其中总持有量较大的是 A53 及以上的设备。

- Cortex-R 系列，是 ARM 家族中体积最小的处理器。Cortex-R 系列处理器主要用于对实时性要求较高的硬件平台，比如硬盘、各类控制器等。Cortex-R 系列处理器支持 ARM、Thumb 和 Thumb-2 指令集。

- Cortex-M 系列，主要是针对超低功耗和核心最小面积进行设计的，所以目前 Cortex-M 系列的实时操作系统 RTOS 仅支持 32 位 Thumb 的指令集。ARM Cortex-M 系列使用

Thumb-2 指令集，这样可以减少一定的指令代码量，从而减少内存需求，进而就可以更加高效地利用缓存。Thumb-2 指令集兼容 16 位的 Thumb 指令。

- 早期处理器 SecurCore 系列，从名字不难看出，它们是提供安全解决方案的架构。SecurCore 架构是一个针对安全的解决方案，早期处理器 SecurCore 被用在少量单片机中。
- 早期的 ARM 芯片，版本号比较简单，如图 5-8 中最下面一栏所示。
- ARM 机器学习芯片，值得一提的是，2017 年年底，ARM 公司公布了 ARM 机器学习芯片的设计方案（本书写作时还未上市，所以未体现在图 5-8 中）。该架构是专门针对神经网络定制的，有 MAC Convolution Engine（卷积计算引擎）。

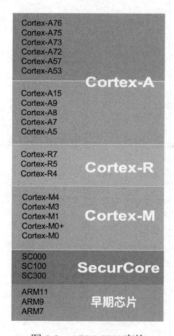

图 5-8　ARM CPU 家族

## 5.4.2　ARMv7-A 处理器架构

在 ARM CPU 运行过程中，控制器不间断地将数据存储在寄存器内，运算器从寄存器内取得数据并计算出结果。寄存器用于暂时存储数据。

Cortex-A 系列最初的 ARM 指令集仅有 32 位，ARMv7-A 就是其中一个历经多代升级后的

32 位架构。后来诞生了 64 位的 ARMv8-A。

ARMv7-A 处理器共有 37 个 32 位寄存器，其中 31 个为通用寄存器，包括不分组寄存器（R0~R7）、分组寄存器（R8~R14）和程序计数器 R15；另外 6 个为状态寄存器，包括程序状态寄存器（CPSR）和程序状态保护寄存器（SPSR）。但是这些寄存器不能随意访问，具体可以访问哪些寄存器，取决 ARM CPU 当前的工作状态和运行模式，对应关系如图 5-9 所示，各模式介绍如下。

- USR 模式：用户模式，程序一般在该模式下执行。
- SYS 模式：系统模式，和 USR 模式几乎等同，运行特权操作系统任务。
- SVC（Supervisor）模式：操作系统保护模式，软中断处理模式。
- ABT（Abort）模式：中止模式，处理存储器故障、实现虚拟存储器和存储器保护。
- UND（Undefined）模式：处理未定义的指令陷阱，支持硬件协处理器的软件仿真。
- IRQ 模式：普通中断处理模式。
- FIQ（Fast Interrupt Request）模式：快速中断处理模式。

| USR | SYS | SVC | ABT | UND | IRQ | FIQ |
|---|---|---|---|---|---|---|
| R0 ||||||| 
| R1 ||||||| 
| R2 ||||||| 
| R3 ||||||| 
| R4 ||||||| 
| R5 ||||||| 
| R6 ||||||| 
| R7 ||||||| 
| R8 |||||| R8_fiq |
| R9 |||||| R9_fiq |
| R10 |||||| R10_fiq |
| R11 |||||| R11_fiq |
| R12 |||||| R12_fiq |
| R13 || R13_svc | R13_abt | R13_und | R13_irq | R13_fiq |
| R14 || R14_svc | R14_abt | R14_und | R14_irq | R14_fiq |
| R15 ||||||| 
| CPSR ||||||| 
| || SPSR_svc | SPSR_abt | SPSR_und | SPSR_irq | SPSR_fiq |

图 5-9　ARM 寄存器及其对应的模式

除了用户模式，其他几种模式都属于特权模式，特权模式下的程序可以访问所有的系统资源，也可以切换到其他模式。除了系统模式，其他几种特权模式都属于异常模式。普通 App 类程序大多在用户模式下运行，在用户模式下，程序不能访问受保护的资源，也不能进行模式切换。如果要进行处理器模式切换，那么应用程序会产生异常。除了从模式角度来划分，也可以根据分组情况来划分寄存器，如图 5-10 所示。

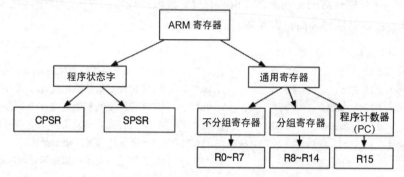

图 5-10　ARM 处理器寄存器树状图

### 5.4.3　ARMv7 汇编指令介绍

ARM 指令集可以分为较多种类，和移动端深度学习技术紧密联系的主要是向量处理指令和存储器访问指令，因为深度学习涉及大量的向量计算，并且需要不间断地内存交换数据。最常用的 ARM 架构单指令多数据流技术是 NEON 技术。在 ARMv7 平台，NEON 寄存器组只有 ARMv7-A 和 ARMv7-R 可以使用。NEON 寄存器组包括 q 系列和 d 系列寄存器，是独立于标准的 R 系列通用寄存器的。另外，在指令层面，一般向量操作指令会以字符 v 开头。ARMv7 有 16 个 128 位四字（word）寄存器 q0~q15，可作为 32 个 64 位双字寄存器 d0~d31 来使用。例如，q0 寄存器也可以使用 d0 和 d1 分别访问前两个字和后两个字。

接下来看一段移动端深度学习框架 mobile-deep-learning 中核心算法的汇编代码，这段代码的任务是计算卷积过程中的矩阵乘法。其中用到的指令并不多，但是这些指令是异构计算里最常用的，如下。

- vmov，可以将一个浮点常数放到寄存器中，也可以将一个寄存器中的值复制到另一个寄存器中。

- **pld** 是预载数据指令。CPU 会向内存系统发信号,将数据预加载到缓存上,由于缓存的访问速度极快,因此在真正用到数据时可以快速供给。
- **vmla** 指令用于向量的乘加,将两个向量中的相应元素相乘,并将结果累加到目标向量的元素中。
- **vld** 和 **vst** 分别针对的是向量的读取和存储。读取过程将内存中的数据读进向量寄存器,存储过程将向量写入向量寄存器。

```
asm volatile(
    "vmov.f32    q10,     #0.0          \n\t"  // 将 32 位浮点数初始化到 q10 寄存器
    "vmov.f32    q11,     #0.0          \n\t"  // 将 32 位浮点数初始化到 q11 寄存器
    "vmov.f32    q12,     #0.0          \n\t"  // 将 32 位浮点数初始化到 q12 寄存器
    "vmov.f32    q13,     #0.0          \n\t"  // 将 32 位浮点数初始化到 q13 寄存器
    "subs        %[kc1], %[kc1], #1     \n\t"  // kc 用循环判断,减 1 操作
    "blt         end_kc1_%=             \n\t"  /* 判断循环是否开始,如果未开始,则判断条件会
                                                  直接跳到 end_kc1_*/
    "loop_kc1_%=:                       \n\t"  // 开始循环
    "pld         [%[B], #256]           \n\t"  // 提示 CPU 即将有数据需要缓存到片上
    "pld         [%[A], #256]           \n\t"  // 提示 CPU 即将有数据需要缓存到片上
    "vld1.32     {q0, q1}, [%[B]]!      \n\t"  // 从内存读取数据
    "vld1.32     {q2, q3}, [%[A]]!      \n\t"  // 从内存读取数据
    "vmla.f32    q10, q2, d0[0]         \n\t"  /* d0 的第一个字和 q2 中的向量进行乘加后将结
                                                  果写入 q10*/
    "vmla.f32    q11, q2, d0[1]         \n\t"  /* d1 的第一个字和 q2 中的向量进行乘加后将结
                                                  果写入 q11,下面几条语句作用类似*/
    "vmla.f32    q12, q2, d1[0]         \n\t"
    "vmla.f32    q13, q2, d1[1]         \n\t"

    "vmla.f32    q10, q3, d2[0]         \n\t"
    "vmla.f32    q11, q3, d2[1]         \n\t"
    "vmla.f32    q12, q3, d3[0]         \n\t"
    "vmla.f32    q13, q3, d3[1]         \n\t"

    "subs        %[kc1], %[kc1], #1     \n\t"
    "bge         loop_kc1_%=            \n\t"
    "end_kc1_%=:                        \n\t"
```

```
"subs        %[kc2], %[kc2], #1   \n\t"  /* 下面语句的处理逻辑同上，处理的是 4 的余数部
                                               分运算*/
"blt         end_kc2_%=              \n\t"
"loop_kc2_%=:                        \n\t"
"vld1.32     {q4}, [%[B]]!           \n\t"
"vld1.32     {q5}, [%[A]]!           \n\t"
"vmla.f32    q10, q5, d8[0]          \n\t"
"vmla.f32    q11, q5, d8[1]          \n\t"
"vmla.f32    q12, q5, d9[0]          \n\t"
"vmla.f32    q13, q5, d9[1]          \n\t"
"subs        %[kc2], %[kc2], #1      \n\t"
"bge         loop_kc2_%=             \n\t"
"end_kc2_%=:                         \n\t"

"vst1.32     {q10, q11}, [%[AB_]]!   \n\t"  // 写入内存
"vst1.32     {q12, q13}, [%[AB_]]!   \n\t"
:
:[A]"r"(A), [B]"r"(B), [kc1]"r"(kc1), [kc2]"r"(kc2), [AB_]"r"(AB_)  // 定义部分
:"memory", "q0", "q1", "q2", "q3", "q4", "q5", "q10", "q11", "q12", "q13"  /*
定义部分*/
);
```

以上汇编代码就是深度学习框架 mobile-deep-learning 计算过程的核心代码，它负责矩阵运算的关键部分。如果我们熟悉基本汇编程序，就可以轻松读懂这段代码。其实面对看似晦涩的汇编程序，只要静下心去分析它的体系结构和算法，就会发现它的语法并不难。

使用内联汇编代码可以在高效开发和高性能之间取得平衡，不过也要注意使用内联汇编的一些问题，例如，如果不加 volatile 关键字，编译器会"优化"你的汇编代码，导致最后生成的汇编程序并不符合你的本意。

## 5.5 ARM 指令集架构

不同版本的 ARM 指令集，从 ARMv5 到 ARMv8，一直在不断地扩展指令集合，同时也尽量保持向下兼容，这样旧的汇编程序也能够在新的指令集下运行，ARM 指令集版本的发展如图 5-11 所示。

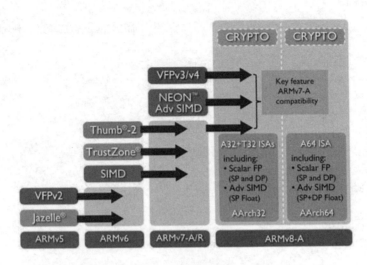

图 5-11　ARM 指令集版本发展

在 ARMv5 中还没有 Thumb-2 和 SIMD 等先进指令集合。ARMv5 中的 VFPv2 和 Jazelle 被 ARMv6 沿用。

在 ARMv6 中有 Thumb 指令集。第一代的 Thumb 代码紧凑、节省内存，但是性能有些损失；Thumb-2 兼顾了代码紧凑性和性能。

整个 ARMv6 的指令集被 ARMv7 沿用，同时 ARMv7 继续扩展。

ARMv8 相对于 ARMv7 做了较多升级，其特点主要包括：

- 兼容 32 位 ARMv7-A。
- 64 位指令集，64 位地址，支持 64 位操作数（指令长度依然为 32 位）。
- 通用寄存器 R 系列映射到 x 系列和 w 系列（x0～x30（64 位）、w0～w30（32 位））。
- 减少了带条件位的指令数量。
- 加强了 SIMD 和 FP 指令集，支持 32 个 128 位寄存器（ARMv7 是 32 个 64 位寄存器）。
- 指令集中加入了加密算法。
- 最新体系结构完整地融入了对虚拟化的支持。
- 加入了 4 层异常模型。

- 支持最高 48 位的虚拟地址。调整了内存模型，与 C++ 11/C1x 标准的内存结构更加统一。
- 一些 NEON、LAPE 等功能在 ARMv7 中需要手工开启，而 ARMv8 是默认支持的。

在当前手机端的应用中，ARMv8-A 架构虽然是新的方案，但是为了照顾使用 ARMv7-A 架构的手机，大部分 App 研发团队仍然没有在 so 库中使用 ARMv8-A 指令集，导致无法享受到 ARMv8 带来的性能优势。为了兼顾两方面需求，似乎可以在 App 中携带 ARMv7 和 ARMv8 两种指令集的 so 库：在 ARMv7 设备上使用 32 位 ARMv7 so 库；在 ARMv8 设备上使用 64 位 ARMv8 so 库。但是这样做会让 App 的 so 库体积翻倍，导致 App 过大，这对于移动端设备来说显然是一个不好的选择。

由于大部分研发团队仍然仅仅使用了 ARMv7 版本的 so 库，所以本书会使用 ARMv7 版本的汇编代码作为例子。

## 5.6 ARM 手机芯片的现状与格局

ARM 芯片广泛存在于各类嵌入式设备中，本节将重点分析手机平台中使用的 ARM 芯片。目前 ARM 芯片在手机芯片市场占绝对主导地位，可以说我们使用的手机几乎全部集成了 ARM 架构芯片。在手机端应用深度学习技术时，需要重点关注高通、苹果、联发科、华为、三星几家公司设计的芯片，对它们做好支持，因为它们设计的 ARM 芯片架构已经可以覆盖主流机型。下面来了解一下这几家公司设计的芯片。

- 高通，骁龙系列，目前 8XX 系列属于高端的骁龙系列，6XX 系列定位于中端市场。不过高中端市场也会有交叉，并不是绝对的。在我们团队应用深度学习技术的实践中，骁龙芯片的主流型号都表现出了强大的算力，大部分型号的 CPU 和 GPU 性能都非常好。骁龙芯片被大量流行手机搭载，包括 vivo、OPPO、小米等品牌手机。
- 苹果，苹果手机中的芯片也都是 ARM 架构的，目前苹果公司已经有了很强的芯片设计能力。苹果 A 系列的 CPU 频率并不是很高。苹果的芯片是自产自销的，芯片架构会直接应用在自家的苹果手机上，所以更加注重性能的提升，而对芯片成本的考量相对少一些，使用了大的芯片面积来换取高性能和低功耗，这一点和大部分同行业公司有显著差别。在苹果 A10 处理器上，流水线技术使用了六发射，可以同时对六条流水线进行处理，同时 A10 片上缓存达到了 2MB。通过 A10 可以看到，苹果公司的芯片架构成本比其他公司的更高，综合性能也非常好。从 Geekbench 跑分也可以看到苹果芯片的性能优势，A10 的性能比 ARM 73 标准架构的性能高 75%以上。

- 联发科，中国的芯片研发公司。在我们以往的测试中，该公司中低端芯片的性能和其价位相称。Helio P90 芯片属于联发科发布的偏高端的芯片，携带了 AI 硬件处理器 APU。Helio P90 芯片采用 12 纳米工艺、A75 核心和传统的 BigLittle 设计。

- 华为，华为手机端的麒麟芯片是不对外销售的，所以截至 2019 年 5 月，市面上可体验到华为芯片性能的设备只有华为手机。华为的芯片设计能力的提升速度可谓有目共睹。从麒麟 970 开始，华为将高性能的专用神经网络芯片 NPU 带进了 SoC。在笔者之前的工作中，和华为有过许多合作，包括在客户端深度学习预测库的合作研发：我们先通过 ONNX 将模型转换打通，从而实现了从华为模型规范到 PaddlePaddle 模型规范的无缝转换；而后笔者也在百度 App 内使用了 NPU 加速神经网络。

- 三星，旗下业务众多，芯片只是其中一项，手机也是其重要业务之一，从零部件如芯片、屏幕、存储、电池等，到手机整机都可以制作。Exynos8895 是三星发布的一款偏高端的芯片，它的中端芯片有 Exynos7870 等。三星芯片在中国移动互联网市场的占比较少。

如果芯片可以自给自足，就免去了中间环节，会给最终的产品带来巨大的利润空间。但是由于芯片领域投入极高，所以目前大部分手机厂商仍然依赖高通的芯片。

# 第 6 章
# 存储金字塔与 ARM 汇编

CPU 具有良好的通用性，所以一直是移动端深度学习和相关算法编码实现的首选硬件，利用 CPU 进行计算也是很多框架的基础版本就涵盖的。移动端 App 平台和嵌入式平台都有利用 CPU 进行计算的大量案例。CPU 的性能优化是笔者长期以来负责的重点方向之一，很多优化思路都是从 CPU 入手的，验证后发现性能确有提升，就会考虑该思路是否适用于其他硬件。本章会深入介绍 ARM CPU 的存储金字塔与汇编语言编程，包括工具的使用和几种重要的优化思路，并强调其中的关键知识点。这些优化技术包含整体异构计算的优化方式，当然这不仅适用于深度学习领域。希望本章的内容能帮助工程师们在实际研发中更好地应用本书所讲的优化思路，解决计算性能问题。

## 6.1 ARM CPU 的完整结构

第 5 章介绍了最基本的 CPU 构成，为了便于理解，所给出的示例隐藏了 CPU 内的某些复杂功能，数据也全部直接来自内存。了解了指令的执行过程后，就可以对深度学习框架的运行性能做深度优化了，我们需要在第 5 章的基础上探讨 CPU 缓存和一些常见的优化方法。

图 6-1 取自 ARM 官方网站，是一张关于 Cortex-A76 芯片的结构图，它有 4 个核心部件，除 CPU 计算部件外，还有片上缓存 L1 和 L2（图 6-1 中的 64KB L1 l-cache Parity、64KB L1 l-cache ECC 和 256KB/512KB Private L2 ECC），在部分苹果公司设计的芯片中，还会有核心之间共享的 L3 缓存。

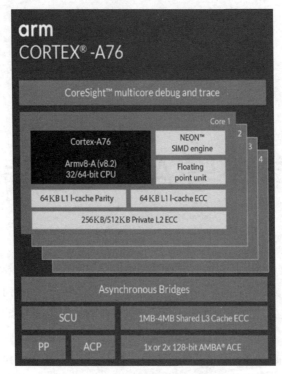

图 6-1　ARM 官网公布的 Cortex-A76 结构图

常见的主存储器（内存）属于动态随机存取存储器（Dynamic Random Access Memory，DRAM），主要原理是对电容充电后，通过电荷量的多寡来判断二进制数的数值，如果电荷量较少，就认为表达的数据是 0；如果电荷量较多，就认为表达的数据是 1。电容在实际使用环境中会存在漏电现象，显然，如果漏电过多，内存中的数据将无法保存。为了保持内存中的数据持久可靠，需要对动态随机存储器进行周期性充电，以刷新电荷量。内存的设计方式决定了其性能提升受制于充放电过程。

L1、L2、L3 是 CPU 计算单元到内存之间的缓冲区，这种缓冲区需要保持通电状态，所以被称为静态随机存取存储器（Static Random-Access Memory，SRAM）。它的实现原理是用开和关表示数据 1 和 0，显然这样的晶体管断电后会在瞬间丢失数据。但是与 DRAM 相比，SRAM 不需要刷新电荷量且性能极高。第 5 章为了聚焦核心设计而简化了 SRAM，其实在现代计算设备芯片中都存在 SRAM。SRAM 的存在意义是在读取一些可能被反复使用的数据时，无须到内存中获取，到 SRAM 中获取即可。

移动端深度学习及嵌入式异构计算最重要的优化手段包括片上缓存读写优化，就是对 SRAM 的优化，善于利用这些狭小的存储空间，可以换来巨大的性能提升。

## 6.2 存储设备的金字塔结构

从现代计算设备出现开始，就离不开存储设备。这些存储设备主要是为了记忆数据，存储计算过程中或者计算结束后产生的结果。可以说没有这些存储设备就没有现代计算机。在嵌入式系统中，如内存、SD 卡等都是我们熟知的存储设备，此外还有一些日常研发中较少用到的存储器。如果我们正在编写一个计算密集型的程序，同时对计算性能有很高的要求，那么就需要控制更多的存储器资源。合理地调配存储器资源是优化性能的必经之路和重要法宝。

图 6-2 是一个移动设备的存储设备结构图，这张图简略却有效地表示了现代移动设备（典型的如手机）的存储结构特点。在图 6-2 中，越靠近顶层的存储器速度越快，距离芯片计算核心也越近。同时，由于面积、功耗、成本等资源的限制，速度越快的存储器所能存储的数据往往越少。如第 5 章中介绍的寄存器，只有几十个 64 位的资源可以使用，但是其速度优势极为明显。从计算核心到寄存器之间的延时是非常低的，只有一个时钟周期。在图 6-2 中，随着存储器层级变低，其到计算核心的距离越来越远，速度也越来越慢，但是存储空间逐步变大。这样的一个金字塔结构继承自 x86 平台设计，其中如 Flash 等硬件在 x86 平台可能是一块硬盘。

图 6-2 手机等移动设备的存储设备结构图

内存的性能相对较差。在移动端深度学习等场景下，需要注意的是内存中的数据需要连续排列，因为从内存取数据所需的时间是从 L1 缓存取数据所需时间的几十倍甚至上百倍。如果内存中需要加载的数据不连续排列，就会增加不必要的寻址时间，进而导致性能骤降。

在冯·诺依曼结构中，缓存用于存储指令和数据，并且这两部分内容是混合在一起的。改进的哈佛结构有单独的指令缓存和数据缓存。在大部分 ARM 芯片内部，都是由一个二级缓存支撑着不同一级缓存（指令缓存和数据缓存）的。

内存的上一级是 L3 缓存，它较少被用在嵌入式设备中，苹果手机的芯片往往包含 L3 缓存。再往上是 L2 缓存和 L1 缓存，它们是主流设备中都含有的存储区域。

图 6-3 所示是一块移动端哈佛结构芯片的缓存结构意示图，从图中可以明显看到，L1 缓存被分为数据缓存（Data cache）和指令缓存（Instruction cache）两部分，即指令和数据在 L1 缓存中被明确分开，这一点也是哈佛结构和冯·诺依曼结构的最大区别。另外从距离能看出，L1 缓存区域和核心（Core）是紧密相接的，而 L2 缓存区域与核心之间存在更长的路程，L2 缓存到内存则要通过总线（Bus）通道。每一次距离延长和步骤复杂化都会带来性能损失。

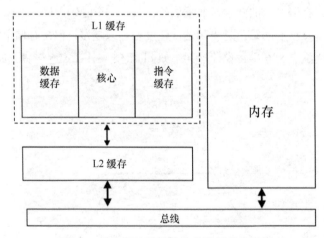

图 6-3 移动端哈佛结构芯片的缓存结构图

多年来，ARM 芯片的 L1 缓存和 L2 缓存的容量一直在增大，之前常见的 L1 缓存的容量是 16KB 和 32KB。随着时间推移，目前 ARM 高端架构芯片的 L1 缓存容量已经达到 128KB，指令和数据缓存各 64KB。L2 缓存的容量达到了 512KB，L3 缓存的容量最大达 4MB。

## 6.3 ARM 芯片的缓存设计原理

了解 ARM 芯片中的缓存设计有助于进一步理解优化性能的思路，本节将探讨片上缓存的原理，以帮助读者更深入地理解高性能计算，进而自如地应用各项缓存优化技巧。

### 6.3.1 缓存的基本理解

如果你完全不知道缓存的作用和工作原理，可以从图 6-4 开始理解。CPU 取数据时一般会先经过缓存（Cache），图中的每个 block 是缓存从内存加载数据的最小单元。如果所有层级的缓存中都不存在该数据，才去内存中读取，并将返回的数据写入缓存。因为有缓存的存在，所以访问热点数据时不需要每次都去内存中读取，而是尽量从缓存读取，而访问缓存的速度比访问内存快很多，所以这样的设计可以极大地提升整个架构的性能。

图 6-4　缓存工作原理示意图

缓存结构和内存结构紧密关联，通过对地址内的数据分段匹配，能让缓存内的数据更容易查找和结构化。缓存需要和一个地址绑定，通过绑定规则可以确定所要查找的数据是否在缓存中。通过 32 位地址的高位，能知道缓存数据在内存的什么位置，同时这一段数据也用于判断是否命中了缓存，该段数据称为 Tag（标签）。要将 Tag 和缓存内的数据绑定，就需要将其存储下来，以备之后查询判断是否命中缓存时使用。从程序员的角度理解 Tag，它类似 Key-Value 结构中的 Key。显然，存储 Tag 会占用缓存物理空间。但是，我们一般看到的芯片官方标出的缓存空间是不包含 Tag 所占用的空间的，因此实际占用的缓存空间比标出的空间更大一些，二者的差值就是 Tag RAM 的大小。

如果每字节都使用一个 Tag，显然非常浪费，因此实际情况是多字节组合在一起共享同一 Tag。这样被组合在一起的逻辑数据块通常称为缓存行（Cache Line），也就是图 6-4 中的一个 block。32 位地址的中间位标识称为索引（Index），查找缓存时直接"奔向"该行索引位置而后再对比标签。索引仅仅是一种约定，目的是便于存储和查找。例如，某条数据的索引位置是 1，那么它的写入和读取都应该操作索引值为 1 的那条缓存行。因为读写规则都已经明确约定好了，所以索引也就不需要被另外存储起来。本章稍后将对此进行更详细的介绍。缓存行还包含标识，用以标识该缓存行的数据或指令是否有效。默认缓存行的查找粒度是一组字节，如果想查到单个字节就需要偏移量（Offset），它用于确定要读取的数据在缓存行内具体字节的位置，如图 6-5 所示。

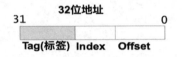

图 6-5　ARM 缓存和地址绑定规则

地址的基本结构已经明确，各部分是如何运行从而方便地找到所需的缓存数据的呢？我们将真实地址缩短，以一段汇编程序为例来说明：

```
LDR R0,=0x2033
LDR R1,=0x4021
LDR R0,=0x2031
```

LDR 汇编命令是 ARM 架构下的常用指令，它负责从内存中加载数据。这一过程会检查缓存中是否存在该数据，如果不存在就从内存中加载，并将返回的数据放入缓存中，这样就在取数据的同时完成了一次缓存操作。

图 6-6 展示了 ARM 缓存与地址的关系。CPU 想从一个简化的十六进制地址 0x2033 取数据，这一过程可以分为几步：

1. 首先，控制器检查索引（Index）标识位。地址为 0x2033，中间的部分为 Index 标识位，这里假设第三个数字为 Index 标识位。此时控制器会定位到 Index 为 3 的缓存行。

2. 找到该缓存行后，再比对标签（Tag），假设高位前两个数字为 Tag，控制器经过比对后确认 Tag 为 20 的连续 4 个字节的数据都在该缓存行中。

3. 现在控制器已经找到对应的缓存行，也确信要找的数据就在指定缓存行中，接下来要做的显然是明确返回缓存行中的哪个字节。假设地址 0x2033 最后一位表示字节位置，最后一位为 3，因此该位置的数据是 A3。至此，一次缓存读取过程就完成了。

当执行到汇编指令 LDR R1,=0x4021 时，系统会发现缓存中并没有该数据。这时控制器就会从内存中取数据，并且将取回的数据存到缓存中一份，以备后用。执行到第三条汇编指令 LDR

R0,=0x2031 时，系统会发现以 Tag 20 开头的缓存行中有数据，且有效，因此会直接返回数据 A1，如图 6-7 所示。

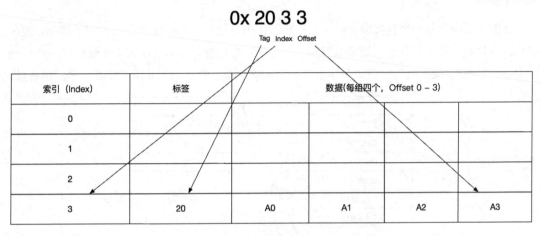

图 6-6　ARM 缓存与地址关系

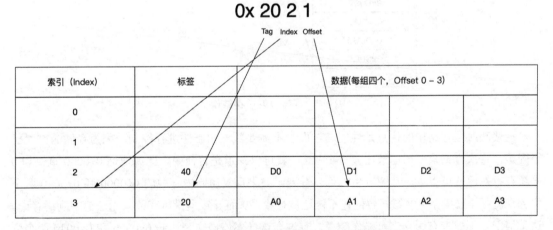

图 6-7　以 Tag 20 开头的缓存行已经被填充的情况

## 6.3.2　简单的缓存映射结构：直接映射

缓存中存储的是内存中的数据。而内存的空间是缓存的很多倍，比如在手机配置中，4GB 的内存是很常见的，而 L1 缓存只有几十 KB。想要把内存中的数据全部有效地放在缓存中，是不现实的,这就衍生出一个问题:应该如何更好地设计缓存的结构,才能高效地将内存中的热点数据缓存进来?缓存的设计方式有两种,比较简单的一种是直接映射,就是对每个 block 地址数据取模之后,固定分配到某个缓存行中。

如图 6-8 所示是一个直接映射的缓存结构,图中右侧是一个包含 4 个缓存行的缓存,左侧表示内存结构,其中有多个地址都映射到了 0 号缓存行位置。如果仅仅有 4 个缓存行,32 位地址中只需要两组"0""1"二进制数字就可以表示索引了,剩下的部分用于保存标签和偏移量。

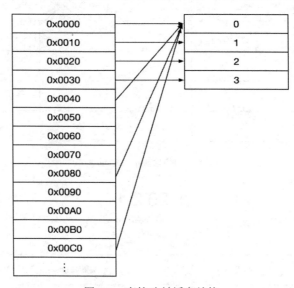

图 6-8 直接映射缓存结构

直接映射缓存结构的优点是性能高,而且不需要额外的硬件进行控制,因为存储的位置已经固定,每次查询只要用地址比较一个 Tag,就可以知道是否命中。比如地址 0x0000 直接和 0 号缓存行对比就可以了。从图 6-8 中可以看到,如果反复访问内存中的 0x0000 和 0x0040 两个位置,就会导致缓存中的第 0 号位置不停地被替换,从而导致大量访存请求无法命中到缓存中,这种情况还不如没有缓存。可能你会说,有谁会这样不停地交替访问 0x0000 和 0x0040 两个位置呢?其实在 32 位设备中就很容易发生这种交替访问导致缓存失效的现象。32 位设备的 int 宽度正好是 4 个字节,下面是一段关于 32 位 int 缓存的代码。

```
// 测试直接映射的性能
void test_cache_arr(int *p1, int *p2, int *res, int size) {
    int i;
    for (i=0 ; i<size ; i++) {
```

```
            res[i] = p1[i] + p2[i];
    }
}
```

- 假设 res、p1、p2 的地址是 0x0000、0x0040 和 0x0080，第一次执行时缓存中没有数据，接下来就会发生一次缓存行填充，将 0x0040～0x004F 的数据放入缓存中。
- 当读取 res 地址 0x0080 时，缓存行中有数据，但是它的 Tag 比对失败。因此还会发生一次缓存行填充，用 0x0080～0x008F 的数据替换 0x0040～0x004F 的数据。
- res 作为结果写入 0x0000。根据分配策略，这可能会再一次导致发生缓存行填充。0x0080～0x008F 的数据会丢失。

上述代码循环迭代，每次都会发生同样的事情，导致性能表现极为不佳。这种直接映射的方式存在明显的弊端。所以在一些早年的处理器（如 ARM1136）中使用过该方式，但是在当下的主流 ARM 处理器中，已经找不到直接映射缓存设计了。本节讲述直接映射的目的是帮助大家理解组相联映射。

## 6.3.3 灵活高效的缓存结构：组相联映射

根据 6.3.2 节的分析可知，直接映射的缓存结构的问题在于，多个内存地址只能映射到一个位置，如果写入缓存的地址冲突了，就只能执行替换操作，不够灵活。组相联映射的结构是在直接映射结构的基础上将缓存一分为二，将原来的缓存区域拆分为两个完全相同的缓存区域，每个缓存区域的空间与原来相比都是减半的。组相联映射是 ARM CPU 主要使用的缓存映射方式。

分割后的缓存虽然空间变小了，但是更加灵活，不容易产生缓存失效现象。例如，0x0000 这个地址的数据可以存储在两路缓存中的任何一路（每一个分割后的缓存区域称为路，英文是 Way）。如果第一路有冲突，就可以存储在第二路。再来看 6.3.2 节的代码：res[i] = p1[i] + p2[i];，在组相连映射结构下，反复读取 p1 和 p2 也不容易发生缓存替换，因为它们完全可以存储在不同的缓存区域内被交替访问，如图 6-9 所示。

两路组相联缓存结构能解决一部分缓存命不中的问题。但是如果要轮流读取三个相同位置的缓存，两路组相联的缓存结构就显得捉襟见肘了。也许你已经想到了，我们的确可以再增加路数，在 ARM CPU 中，4 路缓存结构是很常见的。

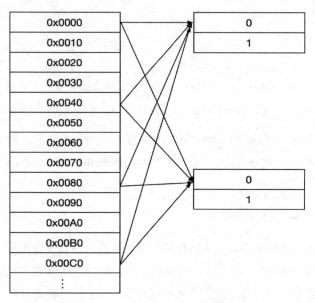

图 6-9　组相联映射缓存结构

  增加缓存的组相联路数可以增加缓存命中率。但是芯片中的总路数是有限的，最多可以将每个缓存行作为一路，这样的情况就是全相联缓存。在全相联缓存结构下，内存中的任何位置可以映射到缓存中的任何位置。但是，除了一些特殊情况（极小的缓存结构，如 TLB），这样的缓存结构并没有被使用。为什么呢？在直接映射的缓存结构中，每次查询只需要比对一次，因为位置已经事先约定好；在两路组相联的缓存结构中，每次查询就要分别在两路缓存中进行比较；同理，在全相联结构中，每次查询需要全部比对一遍，才能知道是否命中，可以说全相联结构是以增加硬件复杂度和功率为代价的，是得不偿失的。

  实际情况也是如此，4 路以上的组相联 1 级缓存，能带来的性能提升已经很有限。8 路或 16 路的组相联 2 级缓存，能带来的性能提升更加明显。图 6-10 来自 ARM 官方，通过这张图可以更加全面地看清 ARM 芯片中缓存的组相联结构。一个最小的数据单元就是一个缓存行，Set 和 Index 的编号是相同的，比如第 0 号 Set 的 Index 编号也是 0。Tag RAM 是单独用于存放 Tag 的缓存区域。Offset 是缓存行内部的索引。每一路就是一个独立的缓存区域。控制器拿到地址数据后，首先找到 Index 对应的缓存行，然后再继续和 Tag RAM 中的 Tag 数据做对比，确定是否找到了所需数据。图 6-10 中有 4 路缓存，因此要在确定 Index 后同时对比 4 路 Tag。

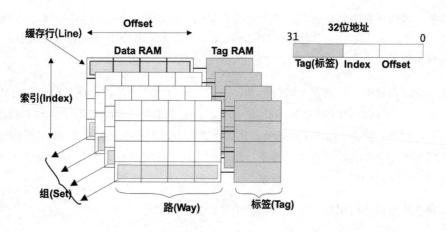

图 6-10　组相联映射缓存结构全景图

### 6.3.4　利用一个简单的公式优化访存性能

CPU 向缓存发出读数据的请求后，缓存会检查对应的数据是否在缓存中，如果在，则称为**缓存命中**。和缓存命中相关的重要性能指标叫**命中率**，含义是 CPU 发出的访存请求中，缓存命中的请求数占总请求数的比例。如果命中缓存，就会向 CPU 返回数据，缓存命中并从缓存中返回数据所需要的时间，称为**命中时间**（Hit Time），这是另一个重要的性能参数。现在的 CPU，一级缓存命中大约需要 1~3 个时钟周期，二级缓存命中大约需要 5~20 个时钟周期。

如果 CPU 要找的数据不在缓存中，则称为**缓存失效**。与缓存失效相关联的指标是**失效率**（Miss Rate），即缓存失效的请求数占总请求数的比例。显然，失效率和命中率相加应该等于 1。在发生缓存失效后，缓存会向内存发起读请求，等待从内存中返回要读的数据的时间，称为**失效代价**（Miss Penalty）。现在通常需要等待 100 个以上的时钟周期之后，才能得到要读的数据。要评估访存（即访问内存）的性能，经常会用到**平均访存时间**这个指标，它就是由上述几个参数推算得出的，单位是 CPU 时钟周期。

如果平均访存时间为 $T$，命中时间为 $T_h$，失效代价为 $P_m$，失效率为 $R_m$，那么

$$T = T_h + R_m \times P_m$$

从上面的公式可以看到，要想提高访存性能、缩短平均访存时间 $T$，就需要分别从 $T_h$、$P_m$、$R_m$ 这三个参数入手。想要缩短命中时间 $T_h$，就要尽量将缓存的容量做得小一些，缓存

结构越简单，访问缓存的效率越高。但是，小容量的、结构简单的缓存不够灵活，很容易发生失效（$R_m$ 增大），这又会增加平均访存时间，可见这三个参数并不是独立的，而是相互影响的。如果想要减小失效代价 $P_m$，提升内存的性能是一种办法。

举例来说，当命中时间为 3 个时钟周期、失效代价为 100 个时钟周期、命中率为 95%（失效率为 5%）时，平均访存时间为 3+100×5% = 8。当命中率变为 99%（失效率为 1%）、其他值不变时，平均访存时间为 3+100×1% = 4。在这个案例中，命中率只提高了 4%，平均访存时间就缩短为原来的一半了，访存性能提升了一倍。在实际操作过程中，如果能将命中率提升一点点，就会对整体性能的提升做出巨大贡献。

第 7 章会带着读者使用相关工具观察命中率，并做出优化。

## 6.4 ARM 汇编知识

本节重点介绍 ARM 汇编知识，这部分知识适合想要了解 ARM 汇编和高性能优化的开发人员，特别是对 ARM 平台上的深度学习感兴趣的读者阅读。ARM 处理器无处不在，我们身边的大多数移动计算设备，包括电话、路由器和最近销售火爆的物联网设备，都使用了 ARM 处理器（而不是英特尔处理器），也就是说，ARM 处理器已成为全球最广泛的 CPU 核心之一。

然而，尽管 ARM 汇编语言可能是被广泛使用的简单的汇编语言，而且 IT 从业人员中有大量专门从事 x86 芯片研究的专家，但是 ARM 芯片专家相对较少。那么，为什么没有更多的人专注于 ARM 呢？其中一个原因是 ARM 的学习资源较少（尤其是和英特尔芯片学习资源相比）。本节将介绍相关的实践知识，希望能够为感兴趣的读者带来性能优化的灵感。

英特尔处理器和 ARM 处理器之间存在许多差异，主要区别在于指令集。英特尔处理器作为 CISC 处理器的代表，具有更大且功能更丰富的指令集，允许许多复杂指令访问内存，因此，英特尔处理器具有更多操作、寻址模式，CISC 处理器主要用于普通个人计算机、工作站和服务器。ARM 处理器则是 RISC 处理器的代表，具有简化的指令集（100 条指令左右）和比 CISC 处理器更多的通用寄存器。与英特尔不同，ARM 指令集只操作寄存器，并且只有加载/存储指令才能访问内存。例如，如果希望递增 32 位地址，那么 ARM 处理器需要使用三种类型的指令（加载、递增和存储）：首先要将指定的地址的值加载到寄存器中，然后在寄存器中递增它，最后将寄存器中的数据存储到内存中。

精简指令集的一个优点是指令的执行速度快，精简指令集架构可以通过减少每条指令的时钟周期来缩短执行时间；但较少的指令也带来了缺点：工程师要使用有限的指令来编写软件，由于每条指令的功能都很简单，所以需要的指令数很多，最终导致编码量增加。另外需要注意的是，ARM 处理器有两种运行模式，就是 ARM 模式和 Thumb 模式。Thumb 指令的长度可以是 2 个或 4 个字节。

再从底层来讲，因为电路上的电信号使用数字 0 和 1 作为最基本的数字，所以 0 和 1 作为二进制系统的数字被广泛应用。指令是计算机处理器运行的最小工作单元。以下是机器语言指令的示例：

1110 0001 1010 0000 0010 0000 0000 0001

这串数字的确是一行指令，但是我们很难记住它。出于这个原因，我们使用所谓的助记符来实现快速编写这些指令。这和 IP 地址不容易记忆、因而出现了网站域名是一个道理。

每个机器指令都有一个名称，助记符通常由三个字母构成。汇编语言使用的就是这些助记符关键字。汇编语言是人类用的最低级别的编程语言，示例如下：

MOV R2, R1 @注释

由助记符组成的文本信息写好以后，如果要运行这些信息，就需要先让机器"读得懂"，而机器只认识 0 和 1，所以还需要将其转换为机器代码，这个过程称为汇编。

本章所设计的 ARM 汇编指令代码经常会以@符号开头，后面跟随注释内容。

### 6.4.1 ARM 汇编数据类型和寄存器

与高级语言类似，ARM 汇编也支持对不同数据类型进行操作。如果从数据的尺寸来看，可以操作的数据类型包括位（bit）、字节（byte，以 b 或 sb 结尾）、半字（half word，以 h 或 sh 结尾）和字（word），如图 6-11 所示。

如果从正负数符号类型来看，可以分为有符号的（signed）数据和无符号的数据，二者的区别是：

- 有符号的数据类型可以包含正值和负值，因此有符号的数据类型所能表示的数据范围较小（因为还要照顾到负数）。
- 无符号的数据类型可以保存大的正值（包括"零"），但不能保存负值，因此能表示的数据范围更大。

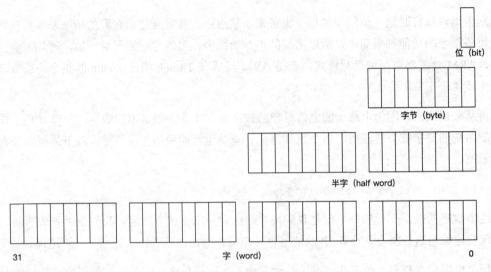

图 6-11　各类汇编数据类型的尺寸

如何加载和使用图 6-11 中的各种数据类型呢？下面以汇编操作数据指令为例来说明。

- ldr：从内存加载一个字的数据。

- ldrh：从内存加载无符号半字的数据。

- ldrsh：从内存加载有符号半字的数据。

- ldrb：从内存加载无符号字节。

- ldrsb：加载有符号字节。

- str：向内存中写入一个字到内存。

- strh：向内存中写入无符号半字。

- strsh：向内存中写入有符号半字。

- strb：将无符号子节存储到内存中。

- strsb：将有符号字节存储到内存中。

另外值得一提的是，内存中的字节有两种排列方式：小端（Little-Endian，LE）和大端（Big-Endian，BE），二者的区别在于字节在内存中的存储顺序。在像 Intel x86 这样的小端机器上，最低有效字节存储在接近零的地址中；而在大端机器上，则是最高有效字节存储在接近零的地址中。ARM 体系结构支持大端和小端自由切换，它可以切换字节顺序的设置。

手机中的 ARM 处理器一般具有 30 个 32 位通用寄存器。ARM 处理器中有 16 个寄存器可在用户模式下访问。第 5 章已经概括性地介绍了所有的 ARM 寄存器，本节将详细讲一下 R0～R15 以及 CPSR，这 17 个寄存器可以分为两组：通用寄存器和专用寄存器，如表 6-1 所示。

表 6-1　R0～R15、CPSR 寄存器

|  | 寄存器 | 别名 | 作用 |
| --- | --- | --- | --- |
| 通用寄存器 | R0～R6 | - | 通用 |
|  | R7 | - | 持有 syscall 编号 |
|  | R8～R10 | - | 通用 |
|  | R11 | FP | frame 指针 |
| 专用寄存器 | R12 | IP | 调用临时寄存器 |
|  | R13 | SP | 栈指针 |
|  | R14 | LR | 链接寄存器 |
|  | R15 | PC | 程序计数器 |
|  | CPSR | - | 当前程序状态寄存器 |

- R0～R12，一般常用于存储临时值，如指针、地址等。例如，R0 在数字运算中常被称为累加器，也可用于存储函数调用结果。在操作系统调用流程时，R7 存储系统调用号，R11 帮助做栈操作。此外，R0～R3 被用于传入函数参数以及传出函数返回值。在子函数调过程中，在返回之前不需要重置 R0～R3。

- R13（栈指针，SP），指向栈顶，栈在函数返回时回收，因此栈指针用于分配堆栈上的空间。如果想要分配一个 32 位的数据，就得把栈指针减 4（代表 4 个字节）。

- R14（链接寄存器，LR），进行函数调用时，PC（程序计数器）寄存器内的地址会被保存在 R14 链接寄存器中。这样做有两个作用，一是子函数完成调用后，可以将 R14 返回给父函数以防止父函数"忘记"刚刚执行哪了；二是 R14 可以作为程序计数器的一个备份，在异常情况下恢复程序计数器内的数据。

- R15（程序计数器，PC），自动按所执行指令的地址进行递增。ARM 指令集递增的步长一般是 4 个字节，在 Thumb 模式下是 2 个字节。旧版本 ARM 芯片会在开始运行时立刻取两条指令，这两条指令并非程序员编写的，而是强制插入的。所以现在的 PC 寄存器为了兼容旧版本芯片，在开始执行程序时会直接跳过 8 个字节，这可能和我们期望的程序计数器递增方式不同，需要注意这一点，以避免出现错误。

- CPSR（当前程序状态寄存器），其中存在一些标志，用于表示当前程序状态，这些标志可以通过修改 CPSR 的值进行设置，这些状态包括分支和条件执行的状态码。

### 6.4.2 ARM 指令集

汇编语言的源代码行的一般格式如下：

指令 a {扩展 b} {条件 c} {寄存器 d}，操作数 e，操作数 f　　　@注释

这个格式模板是常用的 ARM 指令集格式模板，由于 ARM 指令集具有很强的灵活性，所以并非所有指令都使用上面模板中的所有字段。尽管如此，我们还是要了解其中的各个字段：

- a：指令的短名称，也就是前文所说的助记符。
- b：可选后缀。如果指定了后缀，则更新结果的条件标志。
- c：用于指令的条件执行。
- d：结果寄存器，用于存放指令执行结果。
- e：第一个操作数，可以是寄存器或立即数。
- f：第二个操作数，可以是立即数或者可选移位的寄存器。
- 注释：汇编代码的注释，一般以@开头。

在上面的格式模板中，指令 a、扩展 b、寄存器 d、第一个操作数 e 和注释字段的含义比较简单，条件 c 和操作数 f 字段则需要单独说明。条件字段 c 与 CPSR 寄存器中状态位的值紧密相关；第二个操作数 f 被称为灵活操作数，因为我们可以以诸多形式使用它——作为立即数、移位等操作的寄存器，其表现形式可以如下：

- #123：第二个操作数以立即数的形式使用（使用有限的值集）。
- R1, ASR 5：寄存器 R1 向右移位 5 位。
- R2, LSL 31：寄存器 R2，逻辑移位 31 位（最多 31 位）。
- R3, LSR 1：寄存器 R3 逻辑右移 1 位。

下面通过一段完整的汇编指令来了解一下指令格式：

```
ADD R0, R1, R2 @将寄存器 R1（操作数 e）和 R2（操作数 f）中的内容相加，并将结果存储到 R0（结
果寄存器 d）中。
ADD R0, R1, #2 @将寄存器 R1（操作数 e）中的内容和立即数的值 2 相加，并将结果存储到 R0（结果
寄存器 d）中。
MOVLE R0, #5 @仅当满足条件 LE（条件字段 c，小于或等于）时，将立即数 5 赋值到 R0 寄存器。（因为
编译器在实际执行过程中会将其视为 MOVLE R0, R0, #5）。
MOV R0, R1, LSL #1 @将 R1 的内容向左移一位到 R0。此时，假设 R1 内的数值是 2，则它向左移一位
并变为 4。然后再将 4 移动到 R0。
```

## 6.4.3 ARM 汇编的内存操作

ARM 汇编的指令中，只有 LDR（加载）和 STR（写入）指令能访问内存，ARM 指令集是精简指令集，数据必须在操作之前从内存移动到寄存器中。与之相对，在 x86 平台上，大多数指令都能直接操作内存中的数据。

为了解释 ARM 汇编对内存的操作，我们从一个基本示例开始，使用三种基本的地址偏移方式，每种偏移方式有三种不同的寻址模式。对于每个示例，我们将使用具有不同 LDR/STR 偏移方式的汇编代码，以保持简单。

```
LDR R2, [R0]    @ [R0]：源地址是在 R0 中存储的值。
STR R2, [R1]    @ [R1]：目标地址是在 R1 中存储的值。
```

LDR 操作：将 R0 中找到的地址加载到目标寄存器 R2 中。STR 操作：将 R2 中的值存储到 R1 中内存地址的指向处。

下面一起看一下地址的三种偏移方式，以及各自的寻址模式。

**偏移方式 1：将立即数作为偏移量**

该方式的寻址模式包括偏移、预索引和后索引。

这里将立即数（整数）作为偏移量。从基址寄存器（下例中的 R1）中加上或减去该值，以访问编译时已知的偏移量的数据。

```
otr r?, [r1, #2] @ 寻址模式：偏移。将寄存器 R2 中的值存储到 R1 + 2 中的存储器地址中。基址
寄存器 R1 未经修改。
str r2, [r1, #4]! @ 寻址模式：预索引。将寄存器 R2 中的值存储到 R1 + 4 中的存储器地址中。
修改了基址寄存器 R1，R1 = R1 + 4。
ldr r3, [r1], #4 @ 寻址模式：后索引。将 R1 中的存储器地址处的值加载到寄存器 R3 上。基址寄
存器（R1）已修改，R1 = R1 + 4。
```

### 偏移方式2：寄存器作为偏移量

该方式的寻址模式包括偏移、预索引和后索引。这种方式以寄存器作为偏移量，示例如下。

`str r2, [r1, r2]`    @ 寻址模式：偏移。将R2（0x03）中的值存储到R1中的存储器地址，偏移量为R2。原寄存器未经修改。

`str r2, [r1, r2]!`   @ 寻址模式：预索引。将R2中的值存储到R1中的存储器地址，偏移量为R2。修改了原寄存器，R1 = R1 + R2。

`ldr r3, [r1], r2`    @ 寻址模式：后索引。在寄存器R1中找到存储器地址并将数值加载到寄存器R3。修改了原寄存器，R1 = R1 + R2。

### 偏移方式3：移位操作偏移量

该方式的寻址模式包括偏移、预索引和后索引。

`str r2, [r1, r2, LSL#2]`   @ 寻址模式：偏移。将寄存器R2中的值存储到寄存器R1中地址指向处，偏移量R2左移2。

`str r2, [r1, r2, LSL#2]!`  @ 寻址模式：预索引。将寄存器R2中的值存储到R1中地址指向处，偏移量R2左移2。

`ldr r3, [r1], r2, LSL#2`   @ 寻址模式：后索引。将寄存器R1中的存储器地址的值加载到寄存器R3。

三种偏移方式主要涉及读写内存数据，LDR/STR是读写内存数据的重要指令。需要记住的LDR/STR示例如下。

偏移模式：使用立即数作为偏移量，如下。

`ldr r3, [r1, #4]`

偏移模式：使用寄存器作为偏移量，如下。

`ldr r3, [r1, r2]`

偏移模式：使用位移寄存器作为偏移量，如下。

`ldr r3, [r1, r2, LSL#2]`

如果有叹号（!），则是前缀地址匹配，如下。

`ldr r3, [r1, #4]!`
`ldr r3, [r1, r2]!`
`ldr r3, [r1, r2, LSL #2]!`

如果基址寄存器本身在括号中，则为后缀地址匹配，如下。

```
ldr r3, [r1], #4
ldr r3, [r1], r2
ldr r3, [r1], r2, LSL #2
```

其他情况都属于直接的地址偏移方式,如下。

```
ldr r3, [r1, #4]
ldr r3, [r1, r2]
ldr r3, [r1, r2, LSL #2]
```

## 6.5　NEON 汇编指令

在追求极致性能的程序中,如果涉及大量的向量计算,那么使用单个寄存器逐一计算的方式会导致计算效率低下,为了更快速地批量处理线性代数类的计算需求,ARM 提供了一套非常适合向量类型的批处理计算指令集——NEON。这套指令集是一种 SIMD（Single Instruction Multiple Data,单指令多数据的指令并行技术）指令集。从图 6-12 可以看到,左侧使用了常规指令集处理批量加法,这种方式只能逐一计算;而右侧则使用了 NEON 指令集处理,这种技术可以使用它强大的 Q 系列寄存器同时处理四条加法指令,能显著提升性能。

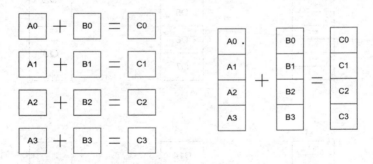

图 6-12　常规指令集和 NEON 指令集处理批量加法对比

笔者所带领的团队在开发移动端深度学习框架时,大量使用了 NEON 技术,它已成为高性能计算的必需品。在优化得当的情况下,使用 NEON 可以使速度提升两倍以上。除了深度学习领域,NEON 技术也可以用在编码/解码、图形、游戏、语音、图像等方向。NEON 的使用方式也比较简单,与 6.4 节的 ARM 汇编用法基本相同,只不过寄存器的操作数据的范围更大。

### 6.5.1 NEON 寄存器与指令类型

NEON 寄存器有 16 个,每个都是 128 位、分为四字,对应寄存器 Q0~Q15;在每个 Q 寄存器内部存在两个 D 寄存器;每个 D 寄存器内部存在两个 S 寄存器,三套寄存器(Q 系列、D 系列、S 系列)的对应关系如图 6-13 所示。共有 32 个 64 位双字寄存器,即 D0~D31,以及 32 个 32 位单字寄存器,即 S0~S31,S 系列寄存器只占用了全部 NEON 寄存器一半的空间,从图 6-13 可以看出来这一点。从本质上讲,三套寄存器在物理上占用的是同一块存储空间,可以将每一套寄存器理解为不同尺寸数据的别名,这一点需要特别注意,否则容易出现相互覆盖的情况。

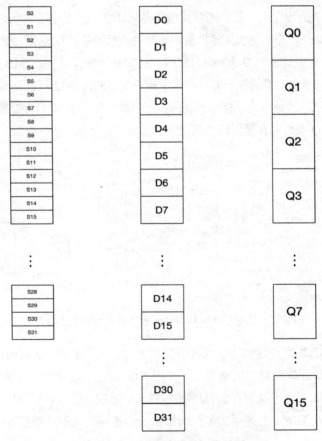

图 6-13 三套寄存器的对应关系

如何才能快速写出高效的指令代码？这就要熟悉各个指令，知道各个指令的使用规范和使用场合。

ARM 指令有 16 个 32 位通用寄存器，即 R0～R15，一般 R0～R3 会作为函数参数使用，函数返回值放在 R0 中，所以实际使用的寄存器是 12 个。若函数参数超过 4 个，则多出来的参数会被压入堆栈。

NEON 指令以 V 开头，操作数一般都是向量数据。使用 NEON 指令计算时，要提前对数据类型占用空间做规划，体现在指令上就是，根据结果类型宽度与操作数宽度的关系，来选择不同类型的指令。可以分为以下几种情况。

- 普通指令：若结果类型宽度与操作数向量类型宽度相同，就使用普通指令。
- 长指令：若对双字向量操作数执行运算，得到四字向量结果，就使用长指令。长指令以 L 标记，如 VMOVL（V + MOV + L）。
- 宽指令：若一个双字向量操作数和一个四字向量操作数作运算，得到四字向量结果，就使用宽指令。宽指令以 W 标记，如 VADDW（V + ADD + W）。
- 窄指令：若四字向量操作数执行运算，得到双字向量结果，即一般得到的结果宽度为操作数的一半，就使用窄指令。窄指令以 N 标记，如 VMOVN（V + MOV + N）。
- 饱和指令：若计算过程中的值超过了数据类型指定的范围，则结果会自动限制在该范围内，此种情况称为饱和，使用饱和指令。饱和指令标记为 Q，如 VQSHRUN（V + Q + SHRUN）。

## 6.5.2　NEON 存储操作指令

用 NEON 相关技术操作内存时，经常会用到 VLD 和 VST 系列指令。我们先看示例，再来解读指令的含义。下面代码来自移动端深度学习框架 Paddle-Lite，这段代码是 Winograd（一种将部分乘法运算转化为加法运算的算法）的一个具体实现中的部分代码。由于完整代码较长，所以这里只列出了 VLD 和 VST 相关的部分，如果希望阅读完整代码，可以在"链接 15"上搜索并查看 winograd_transform_f6k3.cpp 文件。

```
#pragma omp parallel for
  for (int oc = 0; oc < out_channel - 3; oc += 4) {
```

```cpp
    float gw[96]; // gw[3][8][4]
    const float *inptr0 = inptr + oc * in_channel * 9;
    ...
    // oc * 64 * in_channel
    float *outptr = trans_outptr + ((oc * in_channel) << 6);
    for (int ic = 0; ic < in_channel; ++ic) {
        float *gw_ptr = gw;
        asm volatile(
            "vld1.32     {d0-d1}, [%[tm_ptr]]              \n"

            "mov         r0, #24                           \n"
            "vld1.32     {d2-d5}, [%[inptr0]], r0          \n"
            "vld1.32     {d6-d9}, [%[inptr1]], r0          \n"
            "vld1.32     {d10-d13}, [%[inptr2]], r0        \n"
            "vld1.32     {d14-d17}, [%[inptr3]], r0        \n"
            "vtrn.32     q1, q3                            \n"
            "vtrn.32     q2, q4                            \n"
            "vtrn.32     q5, q7                            \n"
            "vtrn.32     q6, q8                            \n"
            "vswp.32     d3, d10                           \n"
            "vswp.32     d7, d14                           \n"
            "vswp.32     d5, d12                           \n"
            "vswp.32     d9, d16                           \n"

            "vst1.32     {d10-d11}, [%[gw_ptr]]!           \n"
            : [gw_ptr] "+r"(gw_ptr), [inptr0] "+r"(inptr0), [inptr1] "+r"(inptr1),
              [inptr2] "+r"(inptr2), [inptr3] "+r"(inptr3)
            : [tm_ptr] "r"((float *)transform_matrix)
            : "cc", "memory", "q0", "q1", "q2", "q3", "q4", "q5", "q6", "q7",
              "q8", "q9", "q10", "q11", "q12", "q13", "r0");
    }
    ...
```

上面的代码操作了 Q 和 D 系列寄存器，大多数是内存操作。其中，vtrn 和 vswp 指令分别对向量做转置和交换操作，先不用管。如果你能看懂下面一行代码，那么说明你基本上读懂了这段代码的含义。

```
"vld1.32     {d2-d5}, [%[inptr0]], r0          \n"
```

用通俗的语言来解释这行代码就是，使用 vld1 指令连续加载内存数据，类型为 32 字节，从 inptr0 指向的地址开始连续加载数据,填充 D2、D3、D4、D5 四个寄存器(对应代码中的 d2-d5),最后将 inptr0 移位 R0(对应代码中的 r0)的位数,以便指向下一条数据。

基于上面的理解,再来看以下格式:

```
VLD1-4 或者 VST1-4 {cond}.datatype list, [Rn{@align}]{!}
VLD1-4 或者 VST1-4 {cond}.datatype list, [Rn{@align}], Rm
```

- VLD 和 VST 分为四种,分别以 1、2、3、4 结尾。VLD1 存储序列如图 6-14 所示。

- cond 是一个条件码。(在 ARM 指令状态下,除 VFP 和 NEON 公用的指令之外,不能使用条件代码来控制 NEON 指令的执行。)

- datatype:数据类型。

- list:指定 NEON 寄存器列表。

- [Rn{@align}]:包含基址的 ARM 寄存器,也可以不指定寄存器直接给定一个地址,由系统代操作。

- align:可选参数指定对齐方式。

- !:如果有叹号,那么执行完成后会更新寄存器 Rn。

- Rm:一般用于连续操作,加载或者存储某个地址后会自动切换到下一条数据。

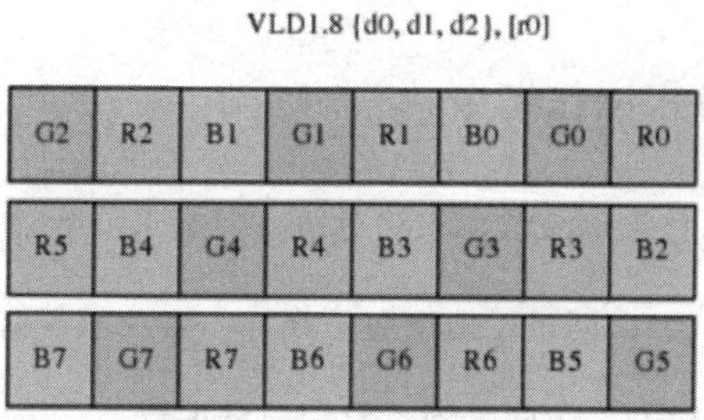

VLD1.8 {d0, d1, d2}, [r0]

| G2 | R2 | B1 | G1 | R1 | B0 | G0 | R0 |
|----|----|----|----|----|----|----|----|
| R5 | B4 | G4 | R4 | B3 | G3 | R3 | B2 |
| B7 | G7 | R7 | B6 | G6 | R6 | B5 | G5 |

图 6-14 VLD1 存储序列

### 6.5.3 NEON 通用数据操作指令

NEON 指令中的一些是用于处理通用情况的,如 6.5.2 节代码中的向量处理指令就是这样的指令。下面列出的是常见的 NEON 通用数据操作指令。

- VCVT：定点数或整数与浮点数之间的向量转换。

- VDUP：将标量复制到向量的所有维度上。

- VMOV：向量移动指令，可以将源寄存器中的值复制到目标寄存器中。

- VMVN：向量求反移动，可以对源寄存器中每一位的值执行求反运算。

- VMOVL、V{Q}MOVN、VQMOVUN：获取双字向量中的每个元素，用符号或零将其扩展到原长度的两倍。

- VREV：反转向量中的元素。

- VSWP：交换向量。

- VTBL、VTBX：向量表查找。

- VTRN：向量转置。

- VUZP、VZIP：向量交叉存取和反向交叉存取。

在上述指令中，VMOV 和 VMVN 的使用频率较高。下面一行汇编代码是 VMOV 指令操作 32 位数据的示例：

```
vmov.32    q15, q9    @ 将 q9 中的向量拷贝到 q15 中
```

### 6.5.4 NEON 通用算术操作指令

通用算术操作指令主要包含加减法、求绝对值、向量求反等常见操作，举例如下。

- VABA{L}和 VABD{L}：向量差值绝对值累加，以及求差值绝对值。

- V{Q}ABS 和 V{Q}NEG：求向量绝对值和向量求反。

- V{Q}ADD、VADDL、VADDW、V{Q}SUB、VSUBL 和 VSUBW：这些指令是向量加法和向量减法的变种，请参考 6.4.1 节的后缀解释来理解它们的含义。

- V{R}ADDHN 和 V{R}SUBHN：选择部分的向量加法和选择部分的向量减法，选择结果的高位，可将结果舍入或截断。

- VHADD：向量半加，将两个向量中的相应元素相加，将每个结果右移一位，并将这些结果存放到目标向量中。可将结果舍入或截断。
- VHSUB：向量半减，用一个向量的元素减去另一个向量的相应元素，将每个结果右移一位，并将这些结果存放到目标向量中。结果将总是被截断。
- VPADD{L}和 VPADAL：向量按对加，以及向量按对加并累加（比如有 4 个元素，1 和 2 为一对，做加法运算；3 和 4 为一对，做加法运算。再分别将两组运算的结果继续做加法运算，所得结果为最后的累加结果）。
- VMAX、VMIN、VPMAX 和 VPMIN：求向量最大值、向量最小值、向量按对最大值和向量按对最小值。
- VCLS、VCLZ 和 VCNT：向量前导符号位计数、前导零计数和设置位计数。
- VRECPE 和 VRSQRTE：求向量近似倒数和近似平方根倒数。
- VRECPS 和 VRSQRTS：求向量倒数步进和平方根倒数步进。

### 6.5.5 NEON 乘法指令

NEON 的乘法指令在开发深度学习框架过程中会使用到。乘法相关指令主要用于操作向量的乘加和乘减，在此基础上又分为是否饱和等情况。将两个向量中的相应元素相乘，并将结果存放到目标向量中。常用的指令有以下几个。

- VMUL{L}、VMLA{L}和 VMLS{L}：向量乘法、向量乘加和向量乘减。图 6-15 以 VMUL{L}为例展示了操作向量的过程：

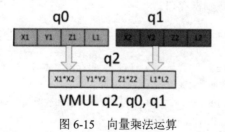

图 6-15 向量乘法运算

- VQDMULL、VQDMLAL 和 VQDMLSL：向量饱和加倍乘法、向量饱和乘加和向量饱和乘减。

### 6.5.6 运用 NEON 指令计算矩阵乘法

对 NEON 指令有了一定的了解后,就可以用这些指令进行编码,从而应用到具体产品线中。两个 4×4 矩阵相乘是 3D 图形处理时常见的操作(如图 6-16 所示),现在假设有一批矩阵数据已经被提前放在内存中。

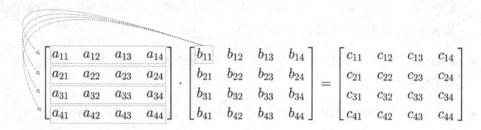

图 6-16 矩阵乘法运算

矩阵相乘的具体过程如下式所示(以结果矩阵的第一列为例):

$$c_{11} = a_{11} \times b_{11} + a_{12} \times b_{21} + a_{13} \times b_{31} + a_{14} \times b_{41}$$

$$c_{21} = a_{21} \times b_{11} + a_{22} \times b_{21} + a_{23} \times b_{31} + a_{24} \times b_{41}$$

$$c_{31} = a_{31} \times b_{11} + a_{32} \times b_{21} + a_{33} \times b_{31} + a_{34} \times b_{41}$$

$$c_{41} = a_{41} \times b_{11} + a_{42} \times b_{21} + a_{43} \times b_{31} + a_{44} \times b_{41}$$

现在使用 NEON 指令集对第一列展开计算。在开始实际运算之前,需要将数据从内存拷贝到寄存器中,假设矩阵中的元素都是 32 位的,左侧矩阵按列存储,右侧矩阵按行存储。下面代码用于将矩阵数据从内存加载到寄存器。

```
vld1.32  {d16-d19}, [r1]!      @ 通过 r1 寄存器加载第一个矩阵的 8 个元素,并将指针移动
                                 到终点。
vld1.32  {d20-d23}, [r1]!      @ 通过 r1 寄存器加载第一个矩阵的 8 个元素,并将指针移动
                                 到终点,至此第一个矩阵的全部数据都被加载到 NEON 寄存器中了。
vld1.32  {d0-d3}, [r2]!        @ 通过 r2 寄存器加载第二个矩阵的 8 个元素,并将指针移动
                                 到终点。
vld1.32  {d4-d7}, [r2]!        @ 通过 r2 寄存器加载第二个矩阵的 8 个元素,并将指针移动
                                 到终点,至此已将两个矩阵的全部数据加载到 NEON 寄存器中了。
```

现在加载完了两个矩阵的数据，已经可以做完整的矩阵乘法运算了。矩阵乘法都是重复的计算过程，仍然以图 6-16 中的运算为例，直观的图形表示如图 6-17 所示。

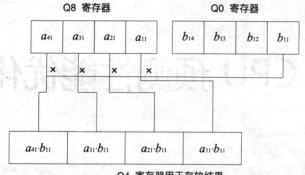

图 6-17　NEON 寄存器运算与矩阵乘法结合

$b_{11}$ 存在于 s0 寄存器中，也是 d0 的半字寄存器，同样可以写作 d0[0]。s0 和 q8 中的数据分别进行乘法运算，就得出了矩阵乘法过程的中间结果，$b_{11}$、$b_{12}$、$b_{13}$、$b_{14}$ 全部计算完成后就得到了最终结果多项式的第一项，再计算第二项并累加到第一项，全部累加完成后得到最终结果矩阵。由于 4×4 矩阵较小，数据能够放得下，所以完全可以在寄存器内以非常低的延时进行运算。而实际中，矩阵往往较大，手机端 224×224 的输入也很常见。如此大的矩阵仅仅靠寄存器是无法存储的，这就需要对矩阵进行分块处理，主要从两部分入手：L1、L2 缓存的大小和可用寄存器的大小。合理的分块可以大幅提升计算性能，其计算过程和上述计算思路基本一致。

## 参考资料

[1] David Seal. Arm Architecture Reference Manual [M]. New York: Addison-Wesley Professional, 2011.

[2] 链接 16

[3] 链接 17

[4] 链接 18

# 第 7 章
# 移动端 CPU 预测性能优化

第 3 章讲述了深度学习在移动端的应用和相关的基础知识。矩阵乘法的性能优化是笔者最早从事的深度学习方面的工作之一，那时主要是为了在快速上线和保持高性能之间找到平衡。在卷积神经网络的计算过程中，卷积算子的计算量在总计算量中占了很大比例，在很多常见的网络结构中，这一比例甚至达到 80%以上，GEMM（General Matrix to Matrix Multiplication，通用矩阵乘法）是计算卷积通用性的一种较好的方式，这种方式的编码实现过程并不复杂，矩阵乘法在 CPU 上的运行性能优化成为早期在移动端应用深度学习技术的重中之重。

随着通用矩阵乘法的性能被充分挖掘出来，我们开始寻找其他的性能突破点。滑窗与 Winograd 的大规模应用带来了又一次的性能飞跃，但同时也带来了很大的工作量，我们团队快速地从技术密集型团队转变成了劳动密集型团队，每天要写大量的汇编代码覆盖实现 1×1、3×3、5×5 以及 s1、s2 等各种卷积结构，回报就是 CPU 性能得到了巨大提升。

本章将从工具开始分享我们团队的优化之路，包括不同的 CPU 优化方法和落地过程中的困难，例如体积和编译耗电量等指标的控制，尽量通过本章内容呈现出端侧 CPU 性能优化地图。

## 7.1 工具及体积优化

工欲善其事必先利其器，好的 CPU 性能离不开一系列工具的支持。在开发过程中，我们团

# 第 7 章 移动端 CPU 预测性能优化

队使用较多的工具有 DS-5、GDB、GProf 和 Systrace。

## 7.1.1 工具使用

### 使用 DS-5 调试

DS-5（ARM Development Studio 5）是 ARM 针对其支持的 ARM-Linux 和 Android 平台出品的一款软件开发套件，界面如图 7-1 所示。ARM DS-5 具有 Debug、汇编分析、编译器等全套功能，这些功能定制在 Eclipse 的开发工具中。

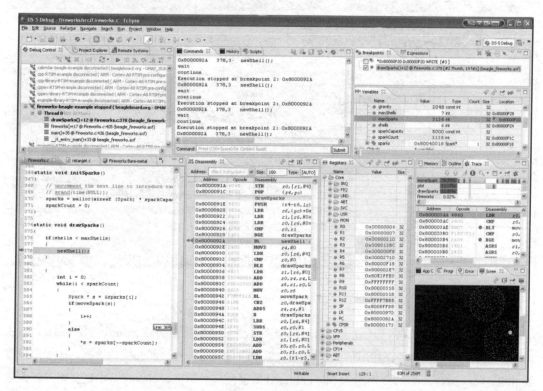

图 7-1 DS-5 界面

在 DS-5 开发套件中，调试器和 Streamline 在优化 CPU 性能时会频繁使用。从图 7-1 可以看到，在 DS-5 中调试时，调试器可访问 NEON 寄存器，并能够导出跟踪数据，还具备强大的内联汇编支持能力。

Streamline 则可以细粒度地查看 CPU 片上数据。以 Android 平台为例，使用 Streamline 来分析性能主要包括以下几个步骤。

1. 启动 Streamline，连接目标手机。Android 手机如果可以 root，则对调试过程更有利；如果不能 root，则所查看数据项数量可能会受影响。安装 DS-5 后，Streamline 作为子工具启动，可以设置连接，如图 7-2 所示。Streamline 支持通过以太网与目标手机进行连接。使用 Android Debug Bridge（ADB）实用程序，可通过 USB 连接或者网络连接从目标手机获得数据。

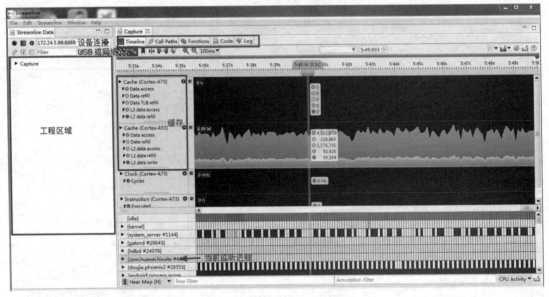

图 7-2　Streamline 主界面

2. 配置 gator，获取 CPU 片上数据。CPU 片上的性能数据是通过 gatord 进程从 gator 内核模块中获取的，因而需要在使用前配置 gator，以使内核产生一些性能相关的数据，比如高精度的 timer（hr_timer）。图 7-3 所示为 Streamline 计数器配置对话框，可以在其中选择要监听的数据项。

3. 分析调用关系和耗时。Streamline 还可以用于分析调用关系和耗时（如图 7-4 所示），这对定位网络中耗时较长的算子有较大作用。

# 第 7 章 移动端 CPU 预测性能优化

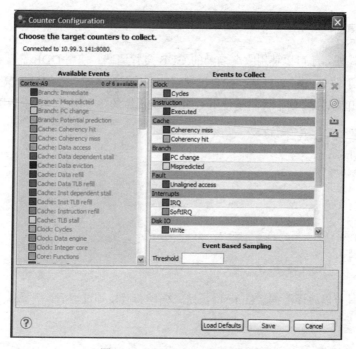

图 7-3　Streamline 计数器配置

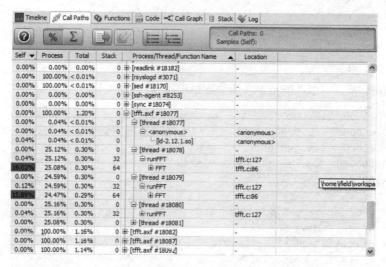

图 7-4　Streamline 分析调用关系和耗时

4. 分析性能数据。使用 DS-5 中的 Streamline 模块对性能数据进行分析，以优化代码。

**使用 GDB 调试**

除 DS-5 套件外，还可以使用大名鼎鼎的 GDB 进行调试。使用 GDB 需要在编译期做预处理。如果想深入了解 GDB，可以从一些自己编写的测试代码入手。在这种情况下，手机就是一台合适的 ARM 开发设备。如下代码是使用 GDB 分析汇编的一个例子，我们使用了 GDB 的 bkpt 命令来设置断点：

```
.section .text
.global _start

_start:
 mov r0, pc
 mov r1, #2
 add r2, r1, r1
 bkpt
```

通过 as 工具可以编译汇编文件 test.s，完成编译和链接等过程后，开始执行，然后通过 br _start 进入断点。

```
$ as test.s -o test.o
$ ld test.o -o test
$ gdb test
gef> br _start
Breakpoint 1 at 0x8054
gef> run
```

进行上述操作后，可以在屏幕上看到如下输出内容：

```
$r0  0x00000000    $r1  0x00000000    $r2  0x00000000    $r3  0x00000000
$r4  0x00000000    $r5  0x00000000    $r6  0x00000000    $r7  0x00000000
$r8  0x00000000    $r9  0x00000000    $r10 0x00000000    $r11 0x00000000
$r12 0x00000000    $sp  0xbefff7e0    $lr  0x00000000    $pc  0x00008054
$cpsr 0x00000010

0x8054 <_start> mov r0, pc      <- $pc
0x8058 <_start+4> mov r0, #2
0x805c <_start+8> add r1, r0, r0
0x8060 <_start+12> bkpt 0x0000
0x8064 andeq r1, r0, r1, asr #10
0x8068 cmnvs r5, r0, lsl #2
0x806c tsteq r0, r2, ror #18
0x8070 andeq r0, r0, r11
```

```
0x8074 tsteq r8, r6, lsl #6x
```

查看快照可以得到非常详细的信息,这为调整汇编代码提供了很大便利。然而这并不是 GDB 的全部功能,你甚至可以使用它查看寄存器内部的信息,还记得 CPSR 寄存器吗?使用 GDB 可以看到 CPSR 寄存器内部的状态值,可以看到状态 thumb、fast、interrupt、overflow、carry、zero 和 negative(如图 7-5 所示)。这些标志被表示为 CPSR 寄存器中的某些位,如果该状态被激活,则会显示粗体。N、Z、C、V 位与 x86 上 EFLAG 寄存器中的 SF、ZF、CF、OF 位对应,这些位用于支持汇编级别的条件和循环中的条件执行。

图 7-5 寄存器标志位

## GProf

GProf 是一个 GNU 工具,它提供了一种简单的分析 C/C++ 应用程序的方法。GProf 可以统计出程序运行过程中各个函数消耗的时间,虽然这一功能在集成开发环境中也可以看到,但是使用 GProf 在命令行中快速实验并查看结果更高效。其原理是程序在编译链接时,gcc 在函数中插入 mcount 或者"_mcount"等函数,用于计数。

你可以通过使用特殊标志进行编译来生成配置文件信息,必须使用-pg 选项编译源代码。对于逐行分析,还需要使用-g 选项,然后执行编译的程序并收集分析数据。在生成的统计信息文件上运行 GProf,最后查看数据。

使用-pg 选项进行编译时,编译器会添加分析点位,在函数入口处收集数据并在运行时退出。此种方式仅会修改用户应用程序的代码。

某些编译器优化可能会在分析时导致问题。且使用分析标志实际上会减慢程序的速度,实时事件的交互可能会对配置代码的性能产生重大影响,所以在分析后要清除调试代码。

## trace 工具:Systrace

Systrace 是 Android AOSP 中的一个子项目,Systrace 可以跟踪系统 I/O 和内核工作队列等数据。在 Android 平台上,Systrace 和 Atrace、Ftrace 结合使用较多。

### 7.1.2 模型体积优化

第 1 章分析过，移动端框架和模型对体积格外敏感，因此在移动端深度学习框架的开发过程中，除了性能，还要时刻关注模型体积。如果体积控制不好，会导致用户下载相应 AI 功能或者 App 的时间较长，这会直接造成用户流失。如果不对包含深度学习模型和库文件的移动端 App 优化体积，可能一个头文件或者一个模型文件就会占用几十 MB 的存储空间。

移动端深度学习框架落地过程中的体积优化主要包括两方面，一为模型压缩，二为库体积压缩。

一般来讲，模型完全可以在用户安装 App 并打开后离线下载，这并不会影响应用市场显示的 App 体积大小。但是，如果离线下载的时间太长，同样会影响用户体验。例如，对于一个 10MB 以上的模型，用户手机在弱网环境下可能要分钟级的时长才能下载完成。

我们团队早期使用的模型压缩方法是将 32 位 float 模型映射到 8 位 int 模型，这样理论上可以将体积减小到原来的四分之一，在移动端下载模型后再反向映射回 32 位 float 模型，最终运行的还是 32 位 float 模型。实验中发现，经过一次模型数据类型映射的压缩后，一个 24.2MB 的模型被压缩到了 6.4MB。还可以继续对模型做一次 gzip 压缩，可以将模型进一步压缩为 4.5MB，如图 7-6 所示。

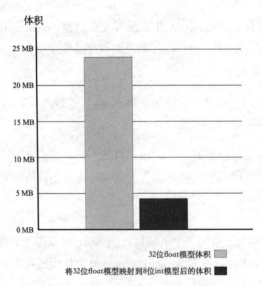

图 7-6　服务器端的完整深度学习框架（浅灰柱形）和移动端压缩后的框架（深灰柱形）体积对比

不过需要注意的是，经过压缩的模型下载到客户端后需要解压，这会增加一定的耗时。使用的两度压缩模型的精度不能保证完全可靠，如果开发过程中的服务器框架不能有效地配合客户端，就需要对客户端独立优化。因为上面的数据映射模型压缩方法不需要其他方向的研发介入，就可以在客户端映射和压缩，所以被应用于早期端侧 AI 开发过程中。

有一些模型压缩方法需要移动端和服务器端工程师配合，对两套框架并行优化，否则即使对移动端的预测框架实现了一些压缩办法，也可能因为服务器端没能提供高质量的压缩模型而导致计划流产。

**剪枝**作为一个有效的模型压缩方法一直被开发者关注着。深度学习网络由多层级节点连接而成，节点相连后形成边，每条边有权重。剪枝的思路并不复杂：由于边的权重有大有小，如果某个边的权重相对于全局而言比较小，则完全可以裁剪掉这条边。每条边是以数值类型存储的，每个数值占用的空间自然也是模型体积的一部分，如果能有效地剪掉无关全局的边，就可以大幅度减小整个模型的体积。

还有一个用于模型压缩和性能优化的技术叫**量化**。神经网络模型的参数通常使用 32 位的浮点数存储。在一些算子的计算过程中，可能并不需要 32 位的精度。如果在模型训练阶段以 8 位的 int 精度存储该算子，就可以减小模型体积，同时提升运算速度。这种方法并不合适所有算子，比如 sigmoid 计算过程显然是需要浮点数参与计算的。

第 4 章提到过**二值神经网络（Binary Neural Network）**，它在量化的基础上更进一步。如图 7-7 所示，一个 32 位权值现在只需要用一个比特位来存储，有效减小了模型体积。一些论文在提出二值神经网络的同时也提出了保留浮点数计算的观点，即在整个训练过程中，既保留浮点型的权重值，又保留二进制类型的权重值。

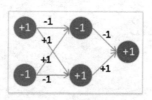

图 7-7 二值神经网络

### 7.1.3 深度学习库文件体积优化

在服务器端程序开发过程中，多数情况不需要考虑程序文件的体积，几十 MB 的程序文件集合似乎也并没有什么不妥,但是移动端的库文件体积则受限得多。不管是 Android 平台还是 iOS 平台,都可以选择离线下载的方式来下载模型文件,以减小应用程序安装包的体积。在 iOS 平台下,二进制的框架库文件在系统运行时就要和源代码一并编译,这是由于苹果公司不允许热更新,这一限制给库文件的离线下发带来了很大障碍。在 Android 平台下,可以选择将 so 库下载到用户手机中,或者将 so 库文件打包在 App 内,随 App 一同发布。

不管是哪种选择,体积指标都是非常重要的,大型移动端应用程序对体积的要求尤其苛刻。

在库文件体积优化的过程中,编译选项是最先被笔者用到的优化方式。符号表会贯穿编译过程的各个阶段:词法分析的过程会增加符号表体积,函数和变量名称的存储也会增加符号表体积,类型、作用域等信息也都会被加在符号表中。但是,这些信息会导致库文件体积增大,需要把 release 版本中除 jni 相关接口的符号表以外的其他符号表都隐藏掉。如果使用 CMake 编译,就可以加入如下代码。

**add_definitions**(-fvisibility=hidden -fvisibility-inlines-hidden)

隐藏了符号表的库文件体积会大幅减小。举例来说,总共 500KB 的库,仅通过优化符号表这一项,可能就可以将体积减小 100KB 以上。除此之外,造成体积问题的主要因素还包括 protobuf 和各类头文件的引入。对于 protobuf,可以使用 protobuf-c 生成模板代码后再手工精简;对于头文件,要逐一检查每种头文件带来的体积增长后再进行裁剪,比如我们仅仅需要用到某个工具类的单个接口,其他接口就可以裁剪掉。

另外一种体积处理方式是根据网络模型按需编译,用不到的网络模型和算子文件不参与编译过程,这个优化方法已在 Paddle-Lite 中被使用,在第 8 章会介绍。

## 7.2　CPU 高性能通用优化

### 7.2.1　编译选项优化

从 NDK r18 版本开始,LLVM 的 C++标准库 libc++已经成为唯一的 STL 库。然而,LLVM libc++的稳定性仍然需要提升,使用其编译多线程 openmp 和 exception 相关支持时都遇到了一些问题,尤其是编译体积过大的问题。我们团队已经将这些问题以 issue 的方式提交给了开发人员,但仍未得到解决,这使得我们在尝试从 GCC 转向 LLVM 时遇到了一些挫折。截至本书写作时(2019 年 5 月),对于注重体积和稳定性的应用,在从 GCC 切换到 LLVM 时还需要慎重。

## 7.2.2 内存性能和耗电量优化

内存复用不仅在移动端深度学习场景下有积极作用,其他场景也同样需要它。小块快跑(即对内存合理分块和排布,这样缓存利用率更高,速度也就更快)是内存设计的重要原则。单次访问内存所需的时长是访问寄存器所需时长的 100 倍以上,因此减少内存访问可以有效地提升性能,同时还能降低移动设备的电量消耗。

对内存的读写操作都会加重运行负担,往往需要在产品落地和性能之间取得平衡。比如常见的深度学习框架都会将一个深度学习的模型抽象为一些基本运算组成的有向无环图,这些基本运算算子也称为 operator 或 OP,包括常见的卷积、池化、各种激活函数等。算子会调用更底层的内核函数 kernel 来完成运算。数据其实就是在这样的结构图中按一定的拓扑次序流动的。算子的设计是为了更多地被复用,从工程设计来讲,应该是算子粒度越小,可复用性就越强。虽然可复用性是工程设计过程关注的重点,但是如果算子的粒度过小,就会出现 A 算子读写之后 B 算子继续读写的情况,这样的频繁不连续访存是很致命的。

算子粒度过小的模型会导致频繁地调用底层的 kernel 函数,这是影响性能的一个重要因素。为了提升访存性能,一个直接的方法就是内核融合(kernel fusion),也叫算子融合或 op 融合,就是将一个计算图中连续的几个 op 融合为一个 op(如图 7-8 所示),这样就能够在底层的融合 kernel 中进行连续运算,从而减小平台内存调度带来的开销。

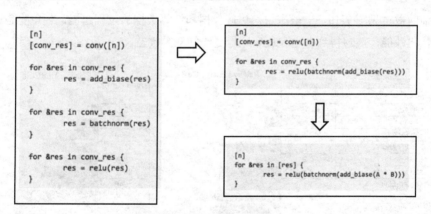

图 7-8 内核融合操作

神经网络中的一些算子在融合后的计算性能会得到提升,从表 7-1 可以看到,麒麟芯片同样是 MobileNet 网络结构,融合前与融合后的计算性能差别非常明显。

表 7-1 算子融合前后的计算性能对比

| MobileNet<br>麒麟 960/ARMv7 | 单线程执行时间（ms） | 2 线程执行时间（ms） | 4 线程执行时间（ms） |
| --- | --- | --- | --- |
| 融合前 | 139.796 | 98.9725 | 87.7417 |
| 融合后 | 108.588 | 63.073 | 36.822 |

在深度学习框架开发中，算子融合是优化内存性能的关键一步，也是能获得较大收益的优化步骤。合理地管理内存，能将性能大幅提升，也能减少性能漏洞。在手机端，内存中的数据结构设计不仅会对性能产生影响，还会给敏感的耗电指标带来直接影响。单次访存消耗的电量要远比 CPU 计算消耗的电量大，从图 7-9 中的数据可以看到，加法（ADD）是最省电的运算类操作，乘法（MULT）消耗的电量大很多，访问 32 位 DRAM 内存消耗的电量就更惊人了。

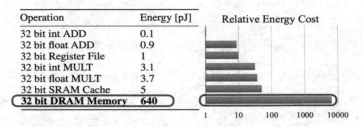

图 7-9 不同操作对耗电量的影响

更详细的数据见图 7-10。一般来说，访问数据和计算数据的过程越慢，耗电量也就越大，所以全力优化性能，能够得到省电和程序运行更快的双重收益。

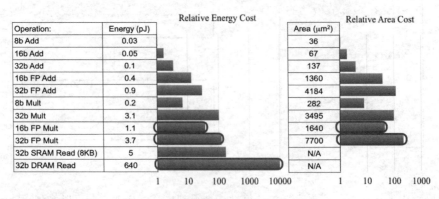

图 7-10 不同操作对耗电量的影响详情

### 7.2.3 循环展开

循环的每次迭代都有一定的性能损耗。因为条件循环迭代过程中要不断地测试循环是否已经结束。为了只会发生一次的"结束"而每次迭代都要检查一下，实在"奢侈"至极。另外，迭代循环的分支指令也需要多个时钟周期才能执行完成，我们可以通过部分循环展开或全部循环展开来避免这种性能消耗。先来看一段 C++代码。

```
for (i = 0; i < 10; i++) {
    arr[i] = i;
}
```

上面这段代码每次迭代都要判断循环是否已终止，很多运行时间被耗在这种检查上，总耗时会变长。我们其实可以将上面的代码简单地全部展开。

```
arr[0] = 0;
arr[1] = 1;
arr[2] = 2;
arr[3] = 3;
arr[4] = 4;
arr[5] = 5;
arr[6] = 6;
arr[7] = 7;
arr[8] = 8;
arr[9] = 9;
```

看到展开后的代码，你可能会说这太无聊了，代码体积增大了。但是，这样展开之后，在部分场景和芯片中，程序执行得更快了。当然，在一些硬件平台上并非如此，例如对内存连续访问，循环代码反而可以更有效地缓存指令和数据：在第一次循环迭代期间就将代码提取到高速缓存中，之后直接从高速缓存取数据执行，这样更快。与之相对，全部循环展开意味着代码只执行一次，因为要执行的指令更多，所以可能无法全部缓存指令，因而全部循环展开不适合展开后过大的循环。另外，现代 ARM 处理器具有分支预测能力，它可以在执行条件之前预测是否将进入分支，从而降低性能损耗，这种情况下全部循环展开的优势就减弱了。

更好的方式是使用部分循环展开，它可以在指令过多和循环判断损耗两个问题之间取得一定的平衡。下面这段代码的功能是将 x1 中的数据逐步拷贝到另一个数组 x0 中。

```
Loop_start:
SUBS x2,x2,#32
```

```
        LDP Q7,Q8,[x1,#0]
        STP Q7,Q8,[x0,#0]
        ADD x1,x1,#32
        ADD x0,x0,#32
    BGT Loop_start
```

上面这段代码使用 ARM V8 指令集实现，使用 LDP 加载数据，使用 STP 存储数据。代码逻辑非常简单，循环迭代，逐个拷贝、存储。然而，这种简单的循环执行效率并不高，可以通过如下代码做部分循环展开，来提升一定的性能。

```
Loop_start:
SUBS x2,x2,#192
        LDP Q3,Q4,[x1,#0]
        LDP Q5,Q6,[x1,#32]
        LDP Q7,Q8,[x1,#64]
        STP Q3,Q4,[x0,#0]
        STP Q5,Q6,[x0,#32]
        STP Q7,Q8,[x0,#64]
        LDP Q3,Q4,[x1,#96]
        LDP Q5,Q6,[x1,#128]
        LDP Q7,Q8,[x1,#160]
        STP Q3,Q4,[x0,#96]
        STP Q5,Q6,[x0,#128]
        STP Q7,Q8,[x0,#160]
        ADD x1,x1,#192
        ADD x0,x0,#192
    BGT Loop_start
```

以上代码用了部分循环展开来提升性能。迭代次数减少后，单次迭代执行的代码逻辑有所增加。因为并没有将循环全部展开，所以展开的开销不是很大，可以说最大限度地减少了循环的性能损耗。

### 7.2.4 并行优化与流水线重排

并行优化分为多线程核与核之间数据处理，以及单核心内部并行处理。从本质上讲，流水线重排也是一种并行优化。为了在单位时间内吞吐更多的指令，进行良好的并行优化是十分必要的。另外一种并行方式就是多线程执行，在多线程执行时，开启 4 线程后，理论上可以将速度提升近 4 倍，实际可能有衰减，但仍然是非常重要的手段。在使用多线程时要考虑到 ARM CPU

的 BigLittle 设计：追求高性能的场景应该尽量使用大核处理，追求低能耗的场景可以考虑使用小核处理。在实现良好的设计之前，应尽量避免出现同时使用大核和小核的情形，因为那样会导致性能控制变得复杂，反而使性能变差。

**流水线重排**可以通过汇编语言实现单核心内部的优化，整体性能提升 10%左右是比较容易获得的优化收益。具体考虑以下几种优化策略：

- 使用同一寄存器时，根据每条指令 lantency 长度来决定排列指令的顺序，比如当该条指令需要对某一个寄存器进行写操作时，要避免立即使用该寄存器，因为如果此时强制使用该寄存器，会导致寄存器还没完成写入就被过早访问，性能一定会不及格。应该等时钟周期大于这条指令 lantency 后，再使用该寄存器。
- 当需要连续使用同一条指令时，应考虑这条指令的吞吐量，对于吞吐量小的指令，需要在相同指令之间穿插其他指令，避免连续使用吞吐量小的指令。
- 不同指令排序时，考虑 ARM 的流水线，根据可同时执行的微指令类型与个数合理穿插不同指令，保证多种微指令并行执行。
- 选取指令时应注意，有的一条指令就可以执行多个操作，选这样的指令能减少指令的总数目。
- 合理使用 pld 预载指令，提前将数据加载到缓存中，这样能提高内存命中率。
- 优化代码循环结构以实现循环展开策略，主要做法是减少一次 for 循环、为新的 for 循环添加前言和后缀、将 for 循环次数减少为原来的几分之一，或者将 for 循环内部展开几次，而不是全部展开。

**输出信道并行**

在 3×3 s1 卷积中，同时求出 2 个信道，2 行 4 列，共 16 个输出。在 3×3 s2 卷积中，同时求出 8 个信道，1 行 4 列，共 32 个输出。当输出信道增加时，卷积耗时会随之呈线性增长趋势，增加信道打包数可以减小曲线斜率。由于 NEON 寄存器数量有限，不能无限增多输出信道打包数，所以需要考虑寄存器限制。

流水线重排的关键就是合理地在各类指令间插入指令，使整个流程在不改变程序正确性的前提下执行更多的指令。如图 7-11 的上图所示，汇编指令 A 强依赖汇编指令 C。假设该条流水线可以同时发射两条汇编指令 B，就可以在图 7-11 上图的基础上再插入一条指令 B，得到图 7-11 下图所示的流水线排布。流水线在处理每条指令时都分为多级，不同的 CPU 所分的流水线级数不同。图 7-12 是一个 6 级流水处理过程。

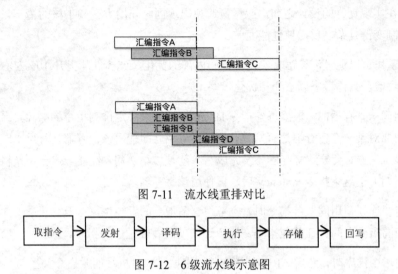

图 7-11　流水线重排对比

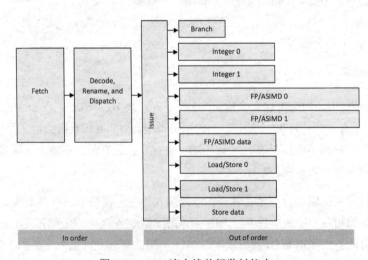

图 7-12　6 级流水线示意图

如果想知道流水发射指令的宽度，可以查看诸如 *Arm® Cortex®-A75 Software Optimization Guide* 的文档，这是 A75 架构的文档。比如图 7-13 摘自 ARM 的优化文档，其中 Integer 指令有 Integer 0 和 Integer 1，这表明可以同时发射两个 Integer 指令。如果程序只发射了一条 Load 或者 Store，就可以参考图 7-13 插入更多的指令。这一优化方式要视 CPU 的版本而定，因为每种 CPU 都有一定的差别，需要根据文档提供的流水线情况做针对性的优化。

图 7-13　A75 流水线并行发射能力

## 7.3 卷积性能优化方式

一个神经网络包含诸多算子，卷积只是其中一个，但卷积是计算量最大、耗时最长的算子。优化计算性能时，最重要的一环往往就是提升卷积的计算性能。第 2 章讲过如何将卷积转换为矩阵乘法，进而将主要精力放在优化通用矩阵乘法的性能上，就可以提升大部分卷积的计算性能了。我们团队在早期优化过程中使用的就是通用矩阵运算（GEMM）这种方式，GEMM 的通用性较好。随着 GEMM 的性能被挖掘得越来越充分，性能提升也变得越来越难。优化完内存融合，再优化完 GEMM 后，我们只能从池化等一些计算量占比较小的算子中寻找提升空间。

卷积的计算方式有多种，GEMM 计算方式具有良好的通用性，但是如果仅使用 GEMM 仍然是无法得到最优性能的。除 GEMM 外，常用的优化方法还包括滑窗（Sliding Window）卷积、快速傅里叶变换（Fast Fourier Transform，FFT）、Winograd 等。不同的方法适合不同的输入输出场景，最佳的办法就是对算子加入逻辑判断，将不同大小的输入分别导向不同的计算方法，以最适合的方式进行运算。

接下来将更加深入地介绍这几种优化方法。

### 7.3.1 滑窗卷积和 GEMM 性能对比

目前所有的主流深度学习预测框架，包括 Caffe、MXNet 等，都实现了 GEMM 方法。该方法把整个卷积过程转化成了 GEMM 过程，而 GEMM 在各种 BLAS 库中都是被极致优化的，因此一般来说，这种方法速度较快。

关于不同算法的性能对比，我们可以先看一下数据，下文会把这些数据绘成相应的折线图。在图 7-14 所示的数据表中，in 代表输入，out 代表输出。

滑窗卷积（以下简称滑窗）计算方法最直观，也容易理解，该方法就是直接移动卷积核，并和输入数据不断做乘加运算。这种方式虽然容易理解，但时间复杂度并不低，不过在一些场景下却可以对性能提升起到一定作用。

那么，什么场景下适合使用滑窗，什么场景下适合使用 GEMM 呢？两种方法各有其优势场景。具体来讲，处理 1×1 卷积核时，结合使用滑窗和 GEMM 两种方式能实现较好的性能。图 7-15 至图 7-20 展示的是以华为荣耀 v10 作为测试机型，分别对不同输入数据应用 GEMM

和滑窗两种方法的性能对比。

| in channel | in height | in width | out channel | kernel | stride | padding | GEMM(ms) | 滑窗(ms) | | 滑窗相比GEMM |
|---|---|---|---|---|---|---|---|---|---|---|
| 24 | 32 | 32 | 6 | 3 | 2 | 1 | 0.6399 | 0.50524 | | 27% |
| 24 | 32 | 32 | 12 | 3 | 2 | 1 | 0.77706 | 0.69055 | | 13% |
| 24 | 32 | 32 | 18 | 3 | 2 | 1 | 0.6211 | 0.83889 | | -26% |
| 24 | 32 | 32 | 24 | 3 | 2 | 1 | 0.66308 | 0.98733 | | -33% |
| 24 | 32 | 32 | 30 | 3 | 2 | 1 | 0.7077 | 1.32293 | | -47% |
| 24 | 32 | 32 | 36 | 3 | 2 | 1 | 0.75252 | 1.49419 | | -50% |
| 24 | 32 | 32 | 42 | 3 | 2 | 1 | 0.82038 | 1.65582 | | -50% |
| 24 | 32 | 32 | 48 | 3 | 2 | 1 | 0.85788 | 1.81497 | | -53% |
| 24 | 32 | 32 | 54 | 3 | 2 | 1 | 0.94073 | 2.14381 | | -56% |
| 24 | 32 | 32 | 60 | 3 | 2 | 1 | 1.02065 | 2.29786 | | -56% |
| 24 | 32 | 32 | 66 | 3 | 2 | 1 | 1.05221 | 2.46797 | | -57% |
| 24 | 32 | 32 | 72 | 3 | 2 | 1 | 1.29522 | 2.6236 | | -51% |
| 24 | 32 | 32 | 116 | 3 | 2 | 1 | 1.75238 | 4.19534 | | -58% |
| 24 | 32 | 32 | 232 | 3 | 2 | 1 | 2.76929 | 8.0474 | | -66% |
| 24 | 32 | 32 | 464 | 3 | 2 | 1 | 5.16669 | 16.0086 | | -68% |

图 7-14 3×3、stride 为 2、channel 为 24 的卷积运算应用滑窗和 GEMM 方法的性能对比

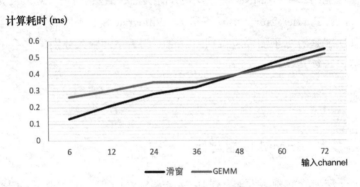

图 7-15 32×32、channel 为 24 的卷积运算应用滑窗和 GEMM 方法的性能对比

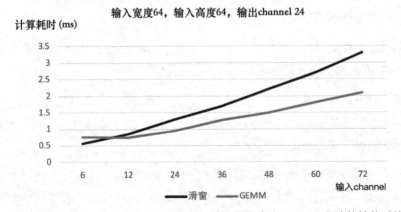

图 7-16 64×64、channel 为 24 的卷积运算应用滑窗和 GEMM 方法的性能对比

# 第 7 章　移动端 CPU 预测性能优化

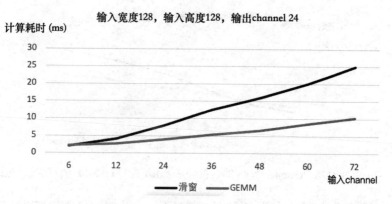

图 7-17　128×128、channel 为 24 的卷积运算应用滑窗和 GEMM 方法的性能对比

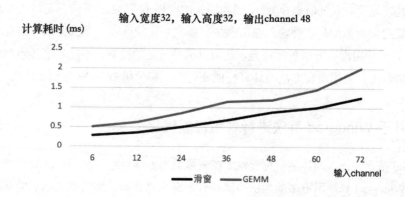

图 7-18　32×32、channel 为 48 的卷积运算应用滑窗和 GEMM 方法的性能对比

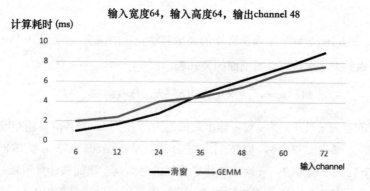

图 7-19　64×64、channel 为 48 的卷积运算应用滑窗和 GEMM 方法的性能对比

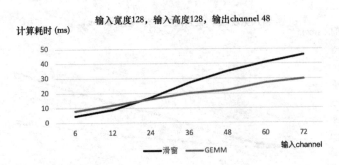

图 7-20　128×128、channel 为 48 的卷积运算应用滑窗和 GEMM 方法的性能对比

通过图 7-15 至图 7-20 可以看到，几乎每种情形下，使用 GEMM 都比使用滑窗得到的曲线更平缓，相应的性能的整体可靠性更强。但当输入数据的宽高较小（例如图 7-18）时，使用滑窗方法的性能明显更好（耗时更少）。一般当输入的宽高小于 32×32 时，可以采用滑窗的优化方式。如果觉得针对机型和每种输入输出的情况做判断比较麻烦，那么大部分情况下，先使用 GEMM 方法，再使用滑窗方法进行补充，就可以提升一定的性能。不过从这几幅对比图可以看出，大多数情况下，使用滑窗方法的计算性能还是无法和使用 GEMM 方法相比的。

### 7.3.2　基于 Winograd 算法进行卷积性能优化

Winograd 是存在已久的性能优化算法，在大多数卷积场景中，Winograd 算法都显示出了较大的优势。Winograd 算法用更多的加法运算替代部分乘法运算，因为乘法运算的计算耗时远高于加法运算。Winograd 适用的计算场景是，乘法计算所消耗的时钟周期总量大于相应加法计算所消耗的时钟周期总量的场景，这时使用 Winograd 就会有正向的收益。Winograd 算法常用在 3×3 卷积计算中。

如果以 $h_o, w_o$ 和 $h_c, w_c$ 分别表示输出数据的高宽和卷积核的高宽，那么使用 Winograd 优化卷积计算时，需要做的乘法次数可以用下面的公式表示：

$$\mu(F(h_o \times w_o, h_c \times w_c)) = (h_o + h_c - 1) \times (w_o + w_c - 1)$$

比如卷积核的宽高（尺寸）为 2×2，输出数据的宽高为 3×3，那么滑窗和 GEMM 方法需要做的乘法次数都为 2×2×3×3=36，而按照上述公式，Winograd 方法需要做的乘法次数为 (2+3-1)×(2+3-1)=16。一般来说，一次乘法计算消耗的时间是一次加法计算消耗时间的 6 倍，所以只要节省的乘法计算耗时大于增加的加法计算耗时，就可以获得正向收益。具体而言，哪些场景适合使用 Winograd 方法呢?下面通过数据来分析。

图 7-21 所示是使用 Winograd、GEMM 和滑窗三种方法对选定数据进行优化的性能数据对比。其中,in 代表输入,out 代表输出。

| in channel | in height | in width | out channel | kernel | stride | padding | GEMM(ms) | 滑窗 | Winograd(ms) | |
|---|---|---|---|---|---|---|---|---|---|---|
| 24 | 128 | 128 | 6 | 3 | 1 | 1 | 35.0789 | 9.31833 | 11.045 | 276% |
| 24 | 128 | 128 | 12 | 3 | 1 | 1 | 38.9452 | 16.9543 | 12.3108 | 130% |
| 24 | 128 | 128 | 18 | 3 | 1 | 1 | 42.3574 | 24.334 | 14.5446 | 74% |
| 24 | 128 | 128 | 24 | 3 | 1 | 1 | 45.6042 | 32.0767 | 16.0928 | 42% |
| 24 | 128 | 128 | 30 | 3 | 1 | 1 | 48.6369 | 39.1512 | 18.0338 | 24% |
| 24 | 128 | 128 | 36 | 3 | 1 | 1 | 52.466 | 46.1445 | 19.2544 | 14% |
| 24 | 128 | 128 | 42 | 3 | 1 | 1 | 54.9262 | 52.7736 | 21.4209 | 4% |
| 24 | 128 | 128 | 48 | 3 | 1 | 1 | 58.5688 | 60.8071 | 22.8326 | -4% |
| 24 | 128 | 128 | 54 | 3 | 1 | 1 | 61.0643 | 67.8624 | 24.7456 | -10% |
| 24 | 128 | 128 | 60 | 3 | 1 | 1 | 64.2681 | 75.1809 | 26.2369 | -15% |
| 24 | 128 | 128 | 66 | 3 | 1 | 1 | 67.0708 | 82.3452 | 28.401 | -19% |
| 24 | 128 | 128 | 72 | 3 | 1 | 1 | 70.5982 | 89.0259 | 29.7484 | -21% |
| 24 | 128 | 128 | 116 | 3 | 1 | 1 | 99.4368 | 144 | 42.1771 | -31% |
| 24 | 128 | 128 | 232 | 3 | 1 | 1 | 175.06 | 307.222 | 74.3352 | -43% |
| 24 | 128 | 128 | 464 | 3 | 1 | 1 | 324.397 | 636.977 | 138.78 | -49% |

图 7-21  128×128、stride 为 1、channel 为 24 的卷积运算,应用三种优化方法的性能对比

现将三种优化方法的数据绘制为折线图,以更直观地观察 3×3 卷积核在不同计算方法下的性能差异,如图 7-22 至图 7-24 所示。可以看到,使用 Winograd 方法的性能曲线斜率极低,在适合 Winograd 方法的区间内是非常理想的优化方式。我们团队用 3×3 卷积核对其他尺寸的数据也做过一些测试,发现对于 3×3 卷积的各种尺寸,Winograd 方法的性能表现都很好。不过 Winograd 也存在一些缺点,在实测中发现精度会有微小的波动,不能保证和 GEMM 计算结果保持完全一致。Winograd 实现过程中需要注意的是乘法数量已经固定,不需要过多的优化,数据结构和访问等操作才是能否实现更快 Winograd 算法的关键。

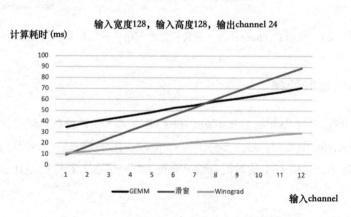

图 7-22  128×128、channel 为 24 的卷积运算应用三种优化方法的性能对比

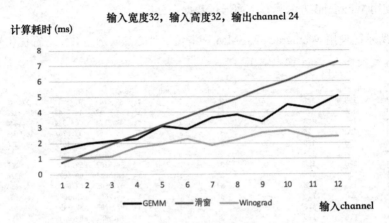

图 7-23　32×32、channel 为 24 的卷积运算应用三种优化方法的性能对比

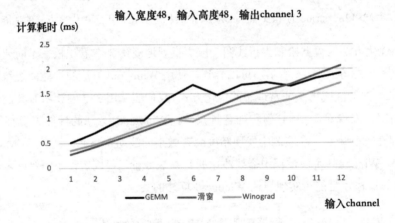

图 7-24　48×48、channel 为 3 的卷积运算应用三种优化方法的性能对比

### 7.3.3　快速傅里叶变换

快速傅里叶变换（Fast Fourier Transform，FFT）是在经典图像处理里经常使用的计算方法，但是通常不在 ConvNet 中使用，这主要是因为 ConvNet 中的卷积核一般都比较小，例如 1×1、3×3 等，这种情况下，使用 FFT 的时间开销反而更大。FFT 在大卷积核并且 stride（步长）为 1 时表现更好。

### 7.3.4 卷积计算基本优化

使用 NEON 汇编优化后,输入数据的加载量最多可以减少 60%,乘法运算量最多可减少 25%。我们以图 7-25 所示的求出一行输出(4 个 output)的卷积计算为例,当使用 C++逐一求出 output 时,每求出一个 output 需要加载 25 个输入数据,需要做 25 次乘法,故求出 1 行 4 个输出需要加载 25×4 个输入数据和 25×4 次乘法。当求出 1 行 4 个 output 时,每次加载一行 8 个 input,其乘法利用 NEON 指令,一条指令可以同时进行 4 次乘法操作,故求出 1 行 4 个 output 需要加载 5×8 个输入数据和 25 次乘法。当输入宽度不是 4 的倍数时,还需要对剩余的几列输出设计新的汇编优化策略。因此输入数据的加载量最大可以减少 60%,乘法运算量最大可以减少 25%。

图 7-25　卷积计算示例

与使用汇编代码每次求出 1 行输出相比,每次求出两行输出可以使输入数据的加载量最大减少 40%(整体性能提升 13%左右)。具体来说,逐行使用 NEON 汇编,每次加载 5 行输入,每次求出 1 行输出,求完第 1 行再求第 2 行,以此类推,此时的输入数据加载量为 5×8×2;如果使用 NEON 汇编,每次加载 6 行输入,每次求出 2 行输出,将每一行输入与两行输出相关的计算一起求出,加载输入数据量为 6×8,因此加载数据量最大减少 40%。

前文只讲了无 padding 的情况,对于涉及 padding 的计算过程,需要使用灵活的解决方案,主要有如下 3 种。

- 将 padding 加到 input 上,此方案需要重新申请内存。将加完 padding 的输入作为新的输入进行卷积运算,其优势是卷积速度快,缺点是内存浪费比较严重,需要增加开辟内存、转存的开销。

- Paddle-Lite 中 depthwise 原先的方案是，将输出分为 9 块，分别为 padding 的上、下、左、右、左上、右上、左下、右下部分，以及无 padding 的部分，分别求出每块的结果；Paddle-Lite 中 depthwise 的另一个计算方法是，将上左、上右、上融合成"上"，将下左、下右、下融合成"下"，连同左、右和无 padding 的部分，一共将输出分为 5 块。优点是无须额外内存，缺点是需要多个不同逻辑处理不同情况，当存在 padding 时，运算过程较长。

- Paddle-Lite 较新的方案是将 padding 加到卷积核上，这样可以使用较少的内存开销换取更快的运算速度，将加完 padding 的卷积核作为新的卷积核进行卷积运算，这种方法的优势在于计算逻辑简单：整个输出计算过程不需要根据不同情况通过不同的逻辑算出结果，只需要一个逻辑求出所有情况，而且比其他方式的卷积核小。在加 padding 过程中不需要申请新的内存空间，以临时数组的形式存放就可以了，内存浪费较少。这种方法的缺点是，输出指针与卷积核指针在运算过程中都要移位，当步长为 2 以及每次求出 2 行输出时，需要较多的指针变换，导致程序变得更加复杂。

## 7.4 开发问题与经验总结

在实际开发优化中，往往在解决性能问题的过程中会出现许多其他问题。笔者将遇到的部分问题做以下汇总，希望能帮助大家在开发过程中减少不必要的麻烦。

### 如何选择 ARM-v7a 和 ARM-v8

Android 系统支持 ARM-v7a 和 ARM-v8 两种 ABI，但为了向下兼容和节省体积，大量主流 App 的 so 库都只面向 ARM-v7a 构建。在优化过程中，如果使用方对体积敏感又希望向下兼容，就要考虑是否有必要在 ARM-v8 指令集上花太多精力。

### 性能的假象

很多主流国产 ROM 在默认配置下会对手机能耗做总体控制，限制耗电量过高的应用，如果耗电量或 CPU 指标超过其设定的阈值，程序就会被 CPU 降频，甚至会导致部分核心休眠。所以在追求高性能的同时，也要注意避免引起手机的温度控制单元对程序报警。在一些厂商的手机上测试时，单独运行 Demo 速度非常快，但是将高性能计算库加入大型 App 中后，运行速度就会变慢。原因是大型的 App 资源已经较为紧张，如果深度学习库再参与资源争抢，就可能产生性能低下的结果，甚至被 CPU 采取"强制措施"，如果被降频或者休眠，性能优化得再好也是枉然。

App 可以享受到的系统资源是符合严格等级要求的，一些手机具有游戏空间，所以如果 App 在游戏空间范围内可以享受到非常高的资源占用等级，性能必然会更好。讲一个有趣的现象，我们团队曾发现，如果在手机中打开性能跑分软件，所有软件的执行性能都会飙升，速度变得极快。这是因为系统监测到性能跑分软件在运行，短时间去掉硬件性能上限，这也是为了在和竞争对手评比时不落败，但是这部分"额外的"性能并不是日常使用手机时可以享受到的。

另一个问题是部分新版的 CPU 未必比旧版的快。测试部分手机的新机型时，初始化时间长达 4s~5s，且使用卡顿；而上一代产品却只需 1s~3s，且使用起来更流畅。这提醒我们，最终的性能如何，不能完全参考外部宣传来判断。

**减少 Java 与 C++的数据拷贝**

在 Android 平台开发高性能 App 时往往要用到 C++库，此时如果内存中的数据被频繁拷贝，会导致性能提速效果被抵消甚至变为负的。举个例子，Java 层做 YUV 转 RGB，以及 bitmap 和 matrix 旋转都比较慢，类似这样的操作都需要反复在 C++和 Java 程序间拷贝数据，所以应该尽量将类似处理放在 native 层用 C++库处理。

总之，实际开发中的问题比比皆是，解决主要的性能问题之后，还要面对诸多性能漏洞。限于篇幅，无法在这里全部覆盖，只有不断在实践中提升问题攻坚能力，不断提升自己，才能逐步驾驭整个过程。

## 参考资料

[1] 链接 19

[2] 链接 20

# 第 8 章
# 移动端 GPU 编程及深度学习框架落地实践

大型的 App 往往会使用多线程技术，这会使移动端的 CPU 承担较高的负载，如果再使用 CPU 运行深度学习框架，就会进一步加重它的负担，导致 App 主线程运行卡顿和深度学习框架计算缓慢。使用 GPU 平台，可以降低 CPU 的负载，还可以提升计算性能。前面讲过，卷积是计算量最大的环节，而卷积算子在 GPU 平台可以运行得更快。本章内容与第 7 章所讲的 CPU 的多种优化方式之间有一定的延续性，可以将 CPU 平台的一部分算法优化方式迁移到 GPU，本章还会介绍基于 OpenCL 的 GPU 使用方法。

介绍完硬件加速的内容后，接下来会介绍我们团队将深度学习技术落地到产品的过程。

## 8.1 异构计算编程框架 OpenCL

目前在移动端操作 GPU 的方式有多种，使用 Vulkan、OpenGL ES、OpenCL 都可以操作 GPU。Vulkan 是后起之秀，目前 Khronos 集团正在力推 Vulkan，这是一个集合了 OpenGL 和 OpenCL 的新协议，未来 Vulkan 取代 OpenCL 的可能性较大。但是目前，最适合移动端做快速部署的仍然是 OpenCL，一些芯片厂商也赞同 OpenCL 仍然是当前最简单易行的移动端计算框架。我们团队选择的也是 OpenCL。

近年来，移动端硬件算力显著提升。一些移动端设备的 GPU 线性代数算力也正在全面超越

CPU。OpenCL 允许开发人员跨平台调用移动端 SoC 中的 GPU 硬件。使用 OpenCL 可以轻松加速 Adreno GPU 和 Mali GPU。

OpenCL 是由 Khronos 集团开发和维护的，是异构系统中跨平台并行编程的开放且免版税标准。它的设计方式有助于开发人员利用现代异构系统中提供的强大计算能力，并极大地促进了跨平台的应用程序开发。除 GPU 外，OpenCL 还支持 DSP 和 FPGA 异构计算。大部分手机是完全支持 OpenCL 的，少量手机调用 OpenCL 需要 root 权限。

Android N 之后的版本增加了开发者调用系统目录下的 so 库范围的限制，应用程序能否加载系统目录下的 so 库，取决于厂商白名单配置（通常配置所在的目录为 /vendor/etc/public.libraries.txt）。如果相关配置中开放了 OpenCL so 库使用权限，则应用程序可以直接加载调用，否则就需要应用程序自带 so 库。另外，在 Android N 之前的版本中，也存在不同机型的 OpenCL 版本不同，导致部分机型可能缺少特定方法实现的情况，这会限制对移动端 GPU 的使用。OpenCL 的 so 库和硬件直接相关，往往由厂商提供，但有的厂商支持得不够好，或者干脆不开放给开发者使用，这造成了目前小部分机型无法使用 GPU 进行异构计算。

OpenCL 标准主要包含两个组件：OpenCL 运行时 API 和 OpenCL C 语言。OpenCL 运行时 API 用于资源管理、内核管理和一些其他任务，OpenCL C 语言用于编写在 OpenCL 设备上执行的 Kernel。

OpenCL C 语言是 C99 标准的子集。具有 C 语言编程经验的开发人员可以轻松开始 OpenCL C 语言编程。C99 标准与 OpenCL C 语言之间还是有一些差异的：

- 由于硬件和 GPU 运行模型的限制，OpenCL C 语言不支持 C99 标准中的函数指针和动态内存分配的部分操作，比如 OpenCL C 语言不支持做动态内存分配的 malloc 和 calloc 等函数。
- OpenCL C 语言同时也扩展了 C99 标准，它添加了内置函数来查询 OpenCL 内核执行参数。另外，OpenCL C 语言还可以利用 GPU image 的 load 和 store 功能。

### 8.1.1 开发移动端 GPU 应用程序

不同厂商对移动端 GPU 的实现不尽相同，在 Android 平台上，最主要的两种 GPU 是 ARM Mali 和高通 Adreno；在 iOS 平台上，占比最大的 GPU 是由苹果公司自己设计的 GPU。理论上几个平台都可以由 OpenCL 实现 GPU 编程，然而苹果手机的 GPU 更适合用 Metal 语言开发，或者直接使用 CoreML 框架。

OpenCL 已经封装了很多硬件实现细节，所以开发 OpenCL 应用程序并不复杂，只要了解顶层概念，就可以实现相应的 GPU 计算过程。实现一个 GPU 计算过程主要需要开发两部分代码：应用程序代码和 Kernel 代码。

其中，应用程序代码的开发流程如下。

1. 调用 OpenCL API。

2. 编译 OpenCL Kernel。

3. 分配内存缓冲区以将数据传入和传出 OpenCL 内核。

4. 设置命令队列。

5. 设置任务之间的依赖关系。

6. 设置内核执行的 N 维范围（NDRange）。

Kernel 代码的开发流程如下。

1. 使用 OpenCL C 语言编写 Kernel。

2. 设计并行处理过程，编写并运行并行处理过程代码。

3. 在计算设备上运行相关编译产物，代码最终运行在 GPU Shader 核心上。

如果想获得更佳的性能，并成功将 GPU 用作计算硬件，就必须实现以上两个流程。

### 8.1.2 OpenCL 中的一些概念

OpenCL 封装了一些专有软件层概念，包括与应用程序、上下文和 OpenCL Kernel 等相关的概念。

与应用程序相关的概念有：

- 访存操作
- 内核执行命令

与上下文相关的概念有：

- Kernel
- 计算设备
- Program 对象封装
- Memory 对象封装

OpenCL Kernel 的提交过程如下：

1. 定义内核。
2. 应用程序提交内核以便在计算设备上运行，计算设备可以是应用处理器、GPU 或其他类型的处理器。
3. 当应用程序发出提交内核的命令时，OpenCL 会创建 work-items 的 NDRange。
4. 为 NDRange 中的每个元素创建内核实例，这使得每个元素可以独立地并行处理。

## 8.2 移动端视觉搜索研发

我们团队长期从事的工作是基于视觉搜索的 App 研发，自 2015 年起，一直在探索如何优化视觉搜索的移动端体验。早期是将单张图片传送给服务器端，计算过程放在服务器端。当识别检测全流程放在移动端后，视觉搜索的用户体验得到了显著提升，这离不开团队的移动端深度学习技术的进步。

每一次重要的产品体验升级，都要依赖移动端深度学习技术的发展。百度研发的 Lens 功能提供了惊艳的视觉搜索体验，这得益于 GPU 计算库的优化升级。在之前没有成功研发出高效的 GPU 计算库时，Lens 功能的设想始终无法落地和上线。mobile-deep-learning 框架被研发出来后，运用 iOS GPU 进行计算得到支持，因此 Lens 功能率先在 iOS 平台上线了。而在 Android 平台，直到计算库支持 Mali GPU 和 Adreno GPU 之后，Lens 功能才从设想变为现实。

可以从百度 App 的视觉搜索入口（即搜索框右侧的相机按钮，如图 8-1 所示）进入视觉搜索界面，体验 Lens 功能，图 8-2 展示了使用 Lens 功能搜索相似图的结果页。

现在的 Lens 功能其实是经过了多次大规模迭代开发形成的。接下来就回顾一下这些升级过程，同时了解一下移动端深度学习技术的发展脉络。

图 8-1 视觉搜索入口

图 8-2 搜索相似图结果页

### 8.2.1 初次探索移动端 AI 能力

2015 年年初,用户使用视觉搜索功能时,首先需要手动拍照,然后将拍到的图片数据发送到服务器端,服务器端会解析到对应的图片垂类,如图 8-3 所示。服务器返回结果后会跳转到一个 H5 页面,这样就完成了一次视觉搜索。

第 8 章 移动端 GPU 编程及深度学习框架落地实践

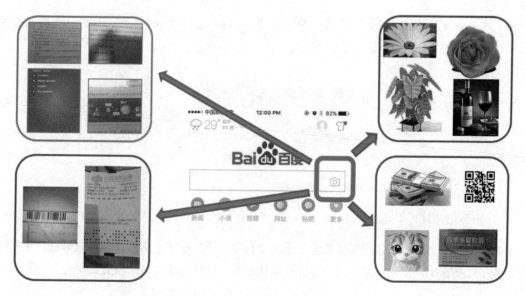

图 8-3 多垂类视觉搜索

这样的视觉搜索功能在移动端存在一些弊端。因为计算过程依赖服务器，所以在服务器返回结果之前，用户只能等待，而手机的上行和下行都是串行通信，时间消耗非常大。搜索一张图片要经历传输和服务器端计算两个环节，才能完成整个流程，另外还有图片压缩等时间消耗。网络环境不够好的情况下，视觉搜索的整个过程会超过 8s。对于用户来讲，发起一次视觉搜索的成本显然太高了，这就导致用户发起视觉搜索的意愿不强烈。

## 8.2.2 取消拍照按钮，提升视觉搜索体验

为了给用户提供更好的视觉搜索体验，我们团队一直在打磨视觉搜索技术和产品体验，我们是从降低用户拍照操作的复杂度入手的。每次发起视觉搜索之前，用户要一边看着拍照按钮，一边看着要拍的物体。然而我们只有一双眼睛，没办法同时聚焦两个物体，来回切换视觉焦点会降低拍照的自由度。如何提升拍照过程中的流畅感呢？我们开始思考一个看似哲学性质的问题：拍照一定要用拍照按钮吗？

拍照按钮的作用是让用户告诉 App：现在我准备好了，可以拍照了。如果没有拍照按钮，也能让 App 知道用户准备好了，就可以直接拍照并发起视觉搜索了。由于拍照的时候手机一定是静止不动的，于是我们尝试使用陀螺仪和加速器来判断手机的状态，如果用户的手机不移动、

方向不变并持续两秒以上,就认为用户准备拍照了,这时会自动拍下照片。这样就取消了拍照按钮,用户体验得到提升。

### 8.2.3 使用深度学习技术提速视觉搜索

取消拍照按钮解决了一部分流畅性的问题,8.2.1 节还提到另一个问题,即速度慢,这有两大原因:

- 图片体积较大,网络传输过程耗时长。
- 服务器计算过程耗时较长。

先来看第一个原因:常规文本搜索的系统架构中,用户以文本信息发起搜索请求,而在视觉搜索中,传输的是图像数据,这会造成请求体过大,直接导致传输时间变长。

解决之道就是减小传输的数据量,即减小图片体积。

减小图片体积的直接方法是压缩原图,但是如果压缩的力度过大,就会导致图像的识别效果变差,所以这种方法只能适当使用。

从另一个角度思考:用户拍照搜索是为了知道图片中目标物体的详细信息,而不是图片中的所有信息。如果能精准地知道用户想了解的是图片中哪些位置的信息,就可以略掉图片中的其他部分,从而使传输的图片骤然减小。这就需要使用移动端深度学习技术来理解图片,找到真正有意义的主体并发起搜索,这一过程就是深度学习中常见的概念——**主体检测**,在第 1 章提到过。

再来看第二个原因:服务器计算过程耗时较长。团队在讨论后发现,如果能解决主体检测的难题并落地应用,就可以有效减小输入的图片尺寸。也就是说,在移动端完成部分运算的同时,也能避免服务器端计算量过大。所以,如果主体检测设计能在移动端实现,AI 就可以进一步助力从 App 到服务器的整套架构提速。

从那时起,我们团队开始了跨越 4~5 个年度的移动端 AI 优化工作,最初介入这个方向时,可谓"人迹罕至"——当时我们在国际会议上分享相关经验时,关注的人很少。2016 年以后,我们在各类技术会议分享后,和我们探讨 CPU、GPU、FPGA 等硬件的 AI 程序优化细节的朋友越来越多,说明这个方向受到了越来越多的关注。到 2019 年 5 月,业界已经在大规模应用移动端深度学习技术了。如图 8-4 所示是移动端开发能力进化路线图。

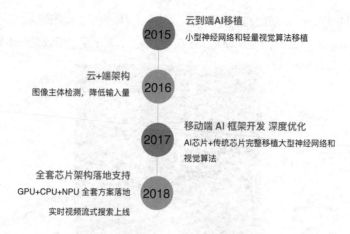

图 8-4　移动端开发能力进化路线

在 2015 年的时候，要给移动端 App 增加主体检测的能力，并非易事。当时还没有成熟的开源移动端深度学习框架，项目在上线过程中需要考虑很多问题，可以概括为以下几点。

- 内存：移动端的内存有限，如果运行期占用内存过多，就会导致一些连带问题。
- 耗电量：因为移动设备的电量有限，所以耗电量多少是用户很看重的一项 App 体验指标。
- 依赖库大小：开发完好的依赖库二进制程序体积不能过大，如果过大，就会造成 App 打包后的体积过大。
- 模型大小：在常规服务器端，模型体积达 500MB 是比较正常的，但是在移动端，模型体积不能超过 10MB，否则会造成下载耗时过长，降低用户的使用意愿。另外，过大的模型体积对内存也是考验。
- 加密问题：每个互联网企业都会将模型数据视为重要数据，保密模型一旦泄露便会造成损失，因此必须设计好一个完善的模型加密功能。

以上这些问题都是在当时环境下需要直接面对的问题。幸运的是，我们团队最后全部解决了这些问题，并在 2016 年年中成功开发出了主体检测功能，率先在 App 中大规模应用了深度学习技术。本章后半部分会集中分析这些难点问题，并分享我们团队的解决方案。

这里还要说明一点，之前的优化中取消了拍照按钮，但是为了满足不同的用户需求，最后还是保留了拍照按钮，只是已经完全可以不使用拍照按钮来触发视觉搜索了，用户只要将相机镜头对准物体，App 就会自动识别物体的位置和大小，同时发起请求。我们称这个功能为单主体自动拍（如图 8-5 所示），随后几个月，在淘宝等 App 中也应用了类似的功能。我们当时使用的是 GoogLeNet v1，那时还没有 MobileNet 系列，且 SqueezeNet 模型的效果也不如 GoogLeNet 好。

图 8-5　单主体自动拍

### 8.2.4　通过 AI 工程技术提升视觉搜索体验

在保障了一个基本可用的版本上线后，下一步工作是继续通过 AI 工程技术来提升 App 体验。我们很快发现在第一个版本的单主体自动拍功能中存在一些问题，主要包括两个方面：一是速度不够快，当时的计算绝对依赖 CPU 计算，只能通过大量的 CPU 优化来解决，而这一块又没有现成的开源代码可以参考；二是代码结构无法扩展，当时为了快速上线，我们精简了一些开源框架的代码，以使之更加符合工程要求，提升开发效率和体验，但也导致其无法扩展。

于是我们决定开发一套支持 ARM CPU 和 iOS GPU 计算的全新框架，这样虽然会带来很大工作量，但是能从根本上解决一些历史问题。

最终，我们将项目命名为 mobile-deep-learning，简称 MDL，是一个基于卷积神经网络实现的移动端框架，目标是让卷积神经网络能够极度简单地部署在移动端，力求使用简单、体积小、速度快。支持 Caffe 模型的 MDL 框架主要包括如下模块，如图 8-6 所示。

- 模型转换（MDL Converter）模块，主要负责将 Caffe 模型（Caffe Model）转为 MDL 模型（MDL Model），同时支持将 32 位浮点型参数量化为 8 位 int 参数，从而极大地压缩模型体积。
- 模型加载（Loader）模块，主要完成模型的反量化及加载校验、网络注册等过程。
- 网络管理（Net）模块，主要负责网络中各层（Layer）的初始化及管理工作。
- 矩阵运算（Gemmer）模块，负责矩阵乘法等运算过程。
- 供 Android 端调用的 JNI 接口（JNI Interface）层，开发者可以通过调用 JNI 接口轻松完成加载及预测过程。

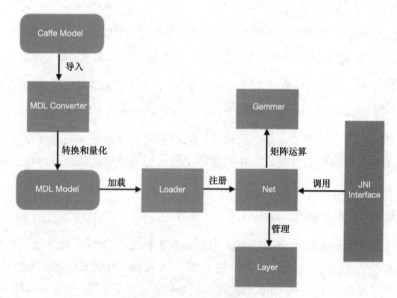

图 8-6　支持 Caffe 模型的 MDL 框架设计

在具体代码实现过程中，我们加入了两个重要优化：

- 首次引入了 NEON 技术，这使得 CPU 运行速度明显提升。在自动拍初期版本中的延迟等待问题得到缓解。

- 首次在 iOS 平台让设备的 GPU 参与运算，这一尝试直接加快了 iOS App 的深度学习预测速度，也对后来的很多 AI 功能调优有益。随着手机设备 GPU 的算力逐步提升，可以说这样的优化打开了端侧 GPU 运算的大门——我们在当时并没有意识到这一点。

经过内部申请和讨论，我们团队于 2017 年 9 月 25 日在 GitHub 上开源了移动端深度学习框架 mobile-deep-learning（MDL）的全部代码及脚本，之后也收到了大量的宝贵意见，我们团队快速地处理并解决了其中的许多问题。

MDL 项目目前已经被迁移到"链接 21"上。

## 8.3 解决历史问题：研发 Paddle-Lite 框架

解决了静态单张图片快速搜索的问题后，需要马不停蹄地继续寻找下一个提升体验的点。在继续探索中，团队发现了两个新问题：

- 问题一，App 标识出来的物体不一定是用户想要了解的那个物体，而且即使画面中有多个物体，App 也只能强制标识出其中一个，其他物体无法被选择出来。
- 问题二，既然拍照按钮可有可无，那么是否还需要有拍照这个动作带来的停顿？用户对准物体后，直接在相机中标识结果，这样的体验不是更流畅吗？

关于问题一，并不需要过度复杂的设计，只需要将移动端嵌入的深度学习模型从单主体检测模型变更为多主体检测模型，并在此基础上加入分类模型，就能同时标识和框选出多个主体了。

关于问题二，我们在解决过程中遇到一个难题。

当时已经研发了 mobile-deep-learning，且可以在手机端的 CPU 上稳定运行深度学习预测计算。但是，App 主线程已经占用了大部分的 CPU 可用资源，此时只能拿到少得可怜的 CPU 资源去做深度学习预测计算，还要 CPU 将功耗指标维持在很低的水平。当时有两种方案可以选择，一种是在 CPU 平台优化且相持到底；另一种是在优化 CPU 的同时启动 Android GPU 的研发。

由于常见的非游戏类 App 产品对 GPU 的占用并不多，普通的 UI 渲染给 GPU 带来的负载也较低，所以完全可以合理挖掘 GPU 计算资源，从而在计算性能和业务所需之间取得平衡。于是团队开启了 Android GPU 相关的研发工作。随着讨论的深入，我们也发现了 mobile-deep-learning

的一些历史弊病。为了彻底革除前弊，我们决定从零设计并开发一套全新的移动端深度学习框架——Paddle-Lite。

为了和全公司的体系整合，Paddle-Lite 放弃了对 Caffe 的模型支持。作为百度深度学习平台 PaddlePaddle 组织下的项目，Paddle-Lite 致力于嵌入式平台的深度学习预测，解决深度学习落地嵌入式移动端平台的障碍。Paddle-Lite 的设计避免了 mobile-deep-learning 中的一些问题。移动端框架开发完成后，模型的训练任务被交给 PaddlePaddle，在服务器端进行，Paddle-Lite 则专注于移动端预测。

Paddle-Lite 的设计思想和 PaddlePaddle 的最新版 fluid 保持了高度一致，Paddle-Lite 能够直接运行 PaddlePaddle 新版训练的模型。同时，Paddle-Lite 针对嵌入式平台做了大量优化。嵌入式平台计算资源有限，对模型体积敏感，用户使用时又很在乎实时性，所以必须针对各种嵌入式平台挖掘极限性能。

图 8-7 所示是 Paddle-Lite 的整体架构图。最上面一层是它提供的一套非常简洁的预测 API，服务于百度众多矩阵 App。第二层是其工程实现，Paddle-Lite 目前支持 Linux-ARM、iOS、Android、DuerOS 平台的编译和部署。底层是针对各种硬件平台的优化，包括 CPU（主要是移动端的 ARM CPU）、GPU（包括 ARM 的 Mali、高通的 Andreno 以及苹果自研的 GPU），另外还有 PowerVR、FPGA 等平台。这一层会针对各种平台实现优化后的算子，也称为 Kernel，它们负责底层的运算。

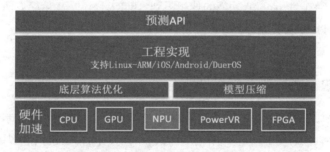

图 8-7　Paddle-Lite 的整体架构图

因为经过了重新编写和设计，所以 Paddle-Lite 具有一些非常明显的优势。对于代码和编译后的产物，都考虑到了体积的影响，最终得到的工程代码和二进制文件都有极小的体积，精而简的库文件非常适合移动端部署。

### 8.3.1 体积压缩

Paddle-Lite 从设计之初就深入考虑了移动端的包体积问题，CPU 实现中没有外部依赖。在编译过程中，对于该网络不需要的 op，是绝对不会被编译到最终依赖库中的。同时，编译选项优化也为体积压缩提供了帮助。Protobuf 是主流框架使用的格式协议，如果放弃对 Protobuf 的支持，则需要由开发者负责转换模型的工作，于是 Paddle-Lite 团队将 Protobuf 生成文件重新精简，逐行重写，拿到了一个体积只有几十 KB 的 Protobuf，这比 Protobuf lite 的体积小很多。为开发者带来了一键运行的可行能力。除了二进制文件的体积，Paddle-Lite 也极力避免了代码体积过大，所以整个仓库的代码体积也非常小。

编译 Paddle-Lite 的 CPU 版深度学习库，考虑到一些工程师在开发过程中会对 App 包体积有要求，Paddle-Lite 在编译执行时可以加入固定的网络参数，例如，googlenet 选项只会将和 googlenet 相关的 op 引入，不会编译其他代码，这样就减小了包体积。

```
sh build.sh android googlenet
```

在 mobile-deep-learning 的开发过程中，为了减小体积、节省空间，我们去掉了 Protobuf 依赖。但是后来发现，这样虽然减小了体积，却丧失了很多便利性，毕竟主流的很多框架都是以 Protobuf 作为数据转换协议的。在 Paddle-Lite 的开发过程中，我们采取了一个两全的办法，保留对 Protobuf 格式的支持，同时手工重构了原来由框架生成的代码文件，经过重构精简的代码包体积大幅减小，整个 Protobuf 功能的体积不到 100KB。还是从精简方面考虑，我们去掉了 PaddlePaddle 中的 Place 相关概念。

### 8.3.2 工程结构编码前重新设计

Paddle-Lite 在加载模型过程中考虑到了 op 融合和图优化等操作，进一步提升了深度学习库的代码简洁性和高性能。图 8-8 是我们团队在项目早期设计的 Paddle-Lite 基本结构图，可以看到 PaddlePaddle fluid 模型刚开始加载就进入了 Loader 处理环节。

从图 8-8 中能看到，各功能点组合起来后的结构非常简单，所以项目初期的代码量并不大，但是各项功能都具备，可谓"麻雀虽小，五脏俱全"，很适合移动端。如果想更深入细致地了解深度学习框架代码，可以从以下几个概念入手去了解，同时也有助于理解现在代码量已经很大的 Paddle-Lite 工程。

第 8 章　移动端 GPU 编程及深度学习框架落地实践

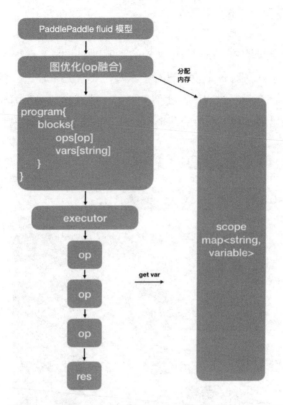

图 8-8　移动端深度学习框架 Paddle-Lite 的早期结构图

- 图优化部分：在读取模型后加入图优化部分，将细粒度 op 算子合成粗粒度 op，这个过程也常被称为 op 的 fusion。经过图优化后，将数据转换到 PaddlePaddle fluid 的模型表现形式。

- 内存优化：在图优化过程中分析内存共享，在可加入内存共享的部分加入内存共享，并对内存排列等操作也一并优化。经过调整后的内存分配释放策略对性能提升有很大帮助。

- 代码中 Load 过程的实现：上面提及的图优化也正是在 Load 模块中进行的，且包含转换操作。

- Tensor：用以配合图优化和内存共享。

接下来从更细化的接口视角来分析移动端深度学习框架。尽量简化接口层的设计是这一过程的目标。

Paddle-Lite 运行的模型是 ProgramDesc 结构的，所以 Paddle-Lite 保留了 PaddlePaddle fluid 的一部分设计结构和概念，又对各个模块进行了重写，使代码更轻量，更适合在移动端运行，代码结构如图 8-9 所示。在重写过程中，我们去掉了一些在移动端不需要的概念，以提升速度和压缩体积。下面代码呈现了图 8-9 中的几个概念（如需阅读全部源码，可访问"链接 22"）。

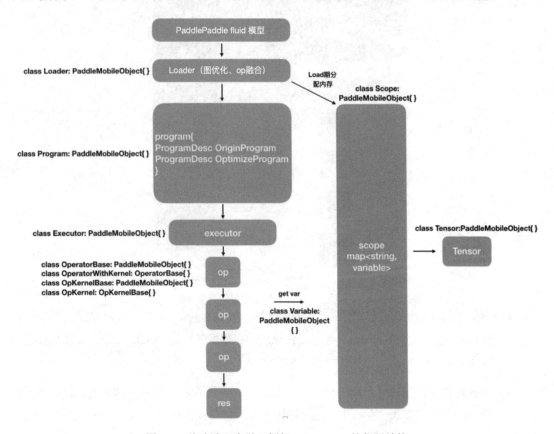

图 8-9　移动端深度学习框架 Paddle-Lite 的代码结构

```
//Loader
class Loader: PaddleMobileObject{
public:
    const framework::Program Load(const std::string &dirname);
};
```

```cpp
//Program
class Program: PaddleMobileObject{
public:
    const ProgramDesc &OriginProgram();
    const ProgramDesc &OptimizeProgram();
private:
};

//ProgramDesc
class ProgramDesc: PaddleMobileObject{
public:
    ProgramDesc(const proto::ProgramDesc &desc);
    const BlockDesc &Block(size_t idx) const;
private:
    std::vector<BlockDesc> blocks;
    proto::ProgramDesc desc_;
};

//BlockDesc
class BlockDesc: PaddleMobileObject{
public:
    int ID() const;
    int Parent() const;
    std::vector<VarDesc> Vars() const;
    std::vector<OpDesc> Ops() const;
private:
};

//OpDesc
class OpDesc: PaddleMobileObject{
    const std::vector<std::string> &Input(const std::string &name) const;
    const std::vector<std::string> &Output(const std::string &name) const;
    Attribute GetAttr(const std::string &name) const;
    const std::unordered_map<std::string, Attribute> &GetAttrMap() const;
private:
};
```

算法优化包括降低算法本身的复杂度，比如对于某些条件下的卷积操作，可以使用复杂度更低的 Winograd 算法，以及后面会提到的 kernel 融合等思想。为了带来更高的计算性能和吞吐量，端芯片通常会提供低位宽的定点计算能力。测试结果表明，8 bit 模型定点运算效率比 float 模型定点运算效率高 20%～50%。除 CPU 优化外，多硬件平台覆盖也是一个很重要的实现方向。目前 Paddle-Lite 已经支持的软硬件平台如下。

- ARM CPU：使用 ARM CPU 运行深度学习任务是最基本和通用的技术。但是，CPU 计算能力相对较弱，还需要承担主线程的 UI 绘制工作，因而在 App 中使用 CPU 运行深度学习计算任务的压力较大。我们针对 ARM CPU 做了大量优化工作，随着硬件的发展，未来的专有 AI 芯片和 GPU 将更加适合做这项任务。

- iOS 平台 GPU：iOS 平台 GPU 由 Paddle-Lite 团队使用 metal 支持直接编写，支持的最低版本的系统是 iOS 9。苹果公司官方 AI 计算框架 CoreML 要在主流的 iOS 11 上才能完整使用。目前，相关代码也已在 GitHub 上全部开源。

- Mali GPU：广泛存在于华为等品牌的主流机型中，其组成结构图如图 8-10 所示。Paddle-Lite 团队使用 OpenCL 对 Mali GPU 做了 Paddle 模型支持。在较高端的 Mali GPU 上，已经可以实现非常高的性能了。

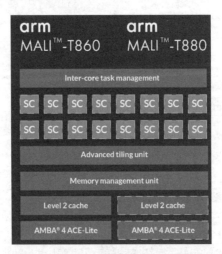

图 8-10　Mali GPU 官方提供的组成结构图

- Adreno GPU：高通设计的端侧 GPU，我们团队同样基于 OpenCL 对其进行了优化实现。其高性能、低功耗的优势在 Paddle-Lite 框架运行时得到了验证。

- FPGA ZU 系列：该系列工作代码已经可以运行，在 GitHub 上可以找到相关代码。FPGA

ZU 系列对 ZU9 和 ZU5 等开发版完全支持。FPGA ZU 系列的计算能力较强,深度学习功能可以在 GitHub 上找到,如果对 FAGA ZU 系列感兴趣,也可以到 GitHub 上了解设计细节和代码。

- H5 网页版深度学习支持:Paddle-Lite 正在实现底层基于 WebGL 的网页版深度学习框架(如图 8-11 所示),使用的是 ES6。后续会使用 WebAssembly 和 WebGL 并行融合的设计,在性能上进一步提高。该功能目前已在 GitHub 上开源,对于人脸检测识别等功能有良好的支持。

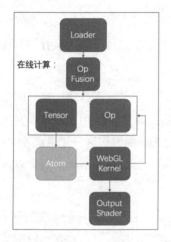
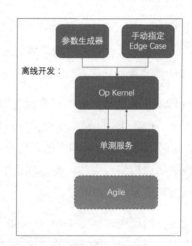

图 8-11　网页版深度学习框架设计

- 树莓派、RK3399 等开发版:树莓派、RK3399 系列等硬件被开发者大量使用,Paddle-Lite 也对它们做了支持,解决了很多问题,目前树莓派、RK3399 等 ARM-Linux CPU 版本可以一键编译。图 8-12 所示是树莓派 3。

图 8-12　树莓派 3

作为国内全面支持各大平台的移动端深度学习框架，Paddle-Lite 从移动端的特点出发，针对性地做了大量的优化、平台覆盖工作，并且保持了性能高、体积小等诸多优势。对国内开发者更友好，中文文档被重点维护，有任何问题都可以到 GitHub 上发 issue。该社区不仅可以为移动端场景落地深度学习提供支持，也很欢迎相关爱好者加入，为移动端深度学习技术的发展贡献力量。

### 8.3.3 视觉搜索的高级形态：实时视频流式搜索

还记得第 1 章中的 AR 实时翻译功能吗？经过多个章节的学习，如果现在回头去看 AR 实时翻译的内容，应该就可以从整体上来理解 AR 实时翻译了。接下来一起看一下我们团队在百度 App 中上线的视觉搜索新功能。

这个功能叫 Lens，是一种实时的视频流式搜索功能。它是基于移动端实时感知和云端视觉搜索的类人眼视觉 AI 能力，能够实现所见即所得的信息浏览体验。Lens 可以实时检测取景框内的多个主体，同时，通过毫秒级响应的粗分类识别能力，能够快速告知用户各主体的粗分类，从而帮助用户快速筛选拟识别主体。在出现识别结果后会标记多个目标，用户点击任何一个目标后，就会快速出现搜索结果。

人眼对视觉信号的反应时间是 170ms～400ms，刚进入视野的物体能够被快速看见，当视角发生变化时，在发现新视野中的物体的同时，也能够建立与旧视野内物体的对应关系。具体到技术上，分为两个问题：单帧图像的物体检测的性能，以及连续帧图像物体检测的稳定性。

单帧图像的物体检测的性能包括准确率、召回率和检测速度。过深的 CNN 对应的耗时也较长。而且移动终端 GPU 和服务器端 GPU 的性能相比，还会有至少一个数量级的差距，耗时更长。

因此，我们团队选择构建轻量级的 MobileNet 网络结构，实现移动端物体检测，并且构建覆盖通用场景的百万级别物体检测图片数据集。针对基础模型进行压缩，进一步提升预测速度，同时模型运行在百度自研的移动端深度学习预测框架 Paddle-Lite 上，作为 PaddlePaddle 的移动端预测引擎，针对嵌入式手机等平台的计算芯片做了大量优化，最终在手机端实现了单帧多目标检测耗时小于 60ms，主要物体检测准确率和召回率均在 95% 以上。

连续帧图像物体检测的稳定性是团队面临的一个新挑战，它关注的问题是在连续帧上不断地进行物体检测时，如何量化地检测物体的状态变化。

在图像上物体的微小平移、尺度、姿态变换，都会导致 CNN 输出变化剧烈。我们团队提出了一种移动终端基于视觉跟踪的连续帧多目标检测方法，在实时连续帧数据上，短时间保持物体的跟踪状态，并在相机视野中的物体发生变化时，在检测模型中融合跟踪算法的输出，给出最终的稳定的连续帧物体检测结果。最终帧错误率从 16.7%降低到 2%。

人眼在接收视觉信号后，会由大脑完美地调度，发现、跟踪和多层认知三个环节无缝衔接。在技术实现上，却需要考虑非常多的因素，包括用户注意力判断、注意力集中时的选帧算法、跟踪和检测算法的调度切换策略。

- 在用户行为及信息理解层面，未来的百度识图将会融合多模态的交互方式、多形态的信息呈现方式，以及多纵深角度的信息识别结果，带来更智能的视觉理解体验。到那时，借助智能设备，我们只需要动动眼睛或说一句话，所需要的信息就会以 AR 的方式叠加到我们面前。

- 在技术应用层面，百度识图将会成为跨平台应用，并持续丰富物体高级感知的维度。核心运行库大小 300KB，几乎可以嵌入任何支持深度学习模型运行的终端平台，例如智能硬件、一些智能摄像头、无人驾驶汽车等。

现在主流视觉搜索已经覆盖几十个场景，包括扫描商品，找同款、比价格；扫描植物，学辨认技巧、看养护知识；扫描菜品、食材，看热量、知功效、知做法；扫描明星，看八卦、追行程；扫描汽车，了解型号、价格；扫描红酒，查酒庄、年份；扫描题目，搜答案、看解析。此外还有 AR 翻译、文字、图书、海报、药品、货币、电影等多品类的认知能力。虽然提供的服务品类较多，但是拍照体验亟待提升。在应用 Lens 技术后，打开百度视觉搜索，无须拍照，毫秒内自动扫描并锁定镜头内检测到的全部物体，即刻反馈它们是什么。

通俗理解就是图 8-13 中的效果，可以实时找到物理世界的物体，并对其理解和标注。这样一种全新的视觉搜索方式与之前的方式相比有哪些提升呢？实时视频流式搜索包含了一个产品和技术的进化迭代过程。

通过精细的工程开发，我们将百度识图的耗电量控制在每 10 分钟 2%以内，满足了移动端部署对能耗的要求。这一过程的优化方案使用了前面所讲的耗电优化办法，从内存出发来解决耗电问题是计算过程的核心方法。

我们团队于 2018 年年底上线了 Android 和 iOS 两个平台的百度 App 的 GPU 计算库。该模型应用了 Lens 这一功能，是业界首创的本地"多目标识别+粗分类识别"的实时识别模型，第一次实现了大规模使用移动端 GPU 进行深度学习计算。现在，在 iOS 和 Android 平台上的百度 App 都已经可以体验这一功能了。

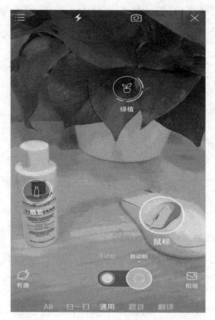

图 8-13　多主体实时视频流式搜索